# 乌杰
# 系统科学文集

## 第二卷
## 系统美学

乌杰 著

人民出版社

# 序　言

《系统美学》出版后，在国内外产生一些反响。除中文版外，至今已经被翻译成四种外文出版：英文、西班牙文、日文与蒙古文。其中，英文版的序言是由国际系统科学学会的副会长莫里斯·约尔斯教授撰写的，现录下他对本书的评价：

自1940年以来，很少有系统科学文献能像乌杰教授的《系统美学》一样，把创造力与“命题式”科学之间的协同性如此清晰地展现出来。

《系统美学》讲得是“协同”，其中暗含着“区别”。它既承认学科之间的“区别”，又展现出跨学科的“协同”：它树立了一种论点，在论述观点的过程中不断插入对艺术的讨论，并将“美”的概念置于通篇核心位置，借此贯通了哲学、数学和物理学，实现了跨学科的协同。

《系统美学》的创作进一步证明了乌杰教授早期关于“任何符合最小作用量原理的系统都是和谐的”的观点。该观点在物理学与数学上都是站得住脚的。本书为此观点建立了一个数学模型（变分方程），通过数学建模对美进行评估和评价。本书还阐释了热力学原理是如何从最小作用量原理产生的，呼应了 Prigogine(1967)和 Prigogine & Stengers(1984)两篇论文中所论述的“复杂性”概念，进而解释了生命系统的控制论，从而与斯宾塞·布朗的著作产生了固有的联系。

乌杰教授的著作是对复杂性理论和生命系统理论的附和。他的论点是，支撑复杂性理论和生命系统理论的基础也是美的根源。这也正是艺术与本书论点相结合的地方。与仅仅关注美是客观还是主观的传统美学方法相比，《系统美学》取得了突破性的进展，并解决了美的量化问题。

从书名中可知，乌杰教授所采用的研究方法是系统的，是在社会科学的语境中探索美学，借鉴系统哲学的观点和方法，展示真、善、美的普遍和科学有效性。正是通过系统美学，本书利用最小作用量原理探索和表述了和谐之美。这完全依赖于数学和哲学之间的跨学科交流，并强烈地指向了物理学。

前边提到，艺术穿插在本书论点的论述中。行文至此，我们应当指出，这种说法明显低估了艺术在本书中的地位。本书采取了一种正式论文的风格讨论美学，但又精心选取了大量图片来体现其艺术的维度。它从系统哲学的宏观视角出发，诠释和构建了一套系统美学体系，重新建立了美学的本质、层次、结构和方法论。

本书的创新之处在于它审视了设计美，并对自然美、艺术美和设计美的内涵和结构提出了新的认识。它扩大了美学的研究领域，超越了传统美学研究的局限。本书在三个方面成就显著：(1)把美学发展建立在了基础性的系统哲学上；(2)为社会科学中的优化问题开辟了一个新的定量研究领域；(3)对社会系统美学的新领域进行了识别和研究。本书提出了一种基于系统美学的“大美学”理论，不仅深化了系统哲学的研究范式，而且创新了美学研究的方法和范式。这对美学研究具有深远意义。

这种创新性的美学研究方法是通过将系统哲学应用于美学而产生的，突出了哲学、数学和美学之间的有机联系。研究的成果之一是确认了系统哲学的普遍性和科学性及其在人类科学其他领域的应用，并且证实了系统哲学可以用数学方法证明。《系统美学》对美的定义、美的规律、美的层次、美的结构和美的功能的研究，恰当地回答了迄今为止在美学史上仍存在争议的关于美的规律、层次，结构和功能的一些问题。因此，它为现代美学带来了重大进步，并为其注入了新的哲学思想和方法论原则。本书讨论了真、善、美之间的统一关系，清楚地表明了数学逻辑和人文逻辑的特性、内在性和统一性，展示了自然逻辑和人文逻辑的和谐性，也就是说二者可以作为一个整体而协同运作。

系统美学是一个重要的跨学科研究领域，科学中的美学被认为是跨学科的，但除了乌杰教授此前的著作外，《系统美学》没有可供比较的文本。虽然也有其他关于系统美学的书籍，但在中西方视角的平衡方面没有一本可以与本书相媲美，而且它以数学框架定义美的基础的做法也是无与伦比的。它跨学科性地建立了跨越数学和物理学的系统原则，这是是独一无二的，为研究美及美的结构提供了新的视角。

**国内研究系统科学的专家张华夏教授评论道：乌杰教授的《系统美学》一书，首先是开辟了一门新的学科，甚至是一个“学科群”：**

系统的美学。这个学科或学科群是新建立的边缘、交叉学科，是前人没有提到或没有明确提到的，它将系统科学和系统哲学应用到传统美学和现代美学中而产生出来的，它在某种意义上说，填补了美学发展的空白。这才是新出版这本书在学术上最为重要的贡献。

物理学和系统科学的最小作用量原理是最能满足这个数学美要求的定律的定律。它不但能够推出牛顿三大定律、万有引力定律，而且能推出热力学基本定律和非平衡态热力学的最小熵原理，还可以推出量子力学薛丁格方程和相对论的基本原理，并且它不但能够推出物理学的全部基本方程，而且还可以推出生命科学和社会科学的关于生命进化和社会优化的各种现象。

爱因斯坦说："科学家的宗教感情所采取的形式是对自然规律的和谐所感到有狂喜的惊奇，因为这种和谐显示出这样一种高超的理性，同它相比，人类一切有系统的思想和行动都只是它的一种微不足道的反映。"这就提出一个问题：为什么在科学探索的过程中，科学家会发现自然界显示出"高超的理性"，而人的思想与行动却反而只有"微不足道的理性"呢？乌杰给出的回答是：前定和谐。

杨振宁说："自然界总是选择最优雅、独特的数学结构去构造宇宙世界"。这就提出一个问题：自然不是工程师，不是人也不是神，它怎样能够选择最优数学结构，并将这个数学结构用于"构造"世界？回答也只能是乌杰的回答：前定和谐。

为什么美在物理学的研究中起到这么大的作用？回答还是自然逻辑与人类数理逻辑之间的前定和谐。人们在理论上解决不了的问题去问科学家，科学家解决不了的问题去问哲学家，哲学家解决不了的问题去问上帝，现在无须问上帝，而是去问系统美学，系统美学最重要的论题是"自然逻辑与人类逻辑在最小作用量原理基础上的前定和谐"。

莫里斯·约尔斯教授的序言与张华夏教授的评论,供各位读者思考。

乌　杰

2021年11月25日

# 目　录

# 前　言

自然从哪里开始，美也从哪里开始。

未来世界是一个真、善、美的世界。

美最不可理解之处，就是它是可以理解的。

我在2006年的《和谐社会与系统范式》一书中提出“凡是符合最小作用量原理的物质系统，都是和谐的”这一命题。在2013年的《系统哲学之数学原理》一书中，把这一命题作了数学与物理学的证明，这一证明有重大的科学和理论价值。它说明哲学、数学、物理学可以融合起来，可以相互验证、互相促进。为哲学的数学化、数学的哲学化，为科学的大综合及研究建立了一个新的平台，它的意义十分重大。说明哲学的科学性、实用性、指导性；同时也说明数理的哲理性、思想性、概括性。

《系统哲学之数学原理》中还提出：和谐社会不是一个空洞之物，或只是一个理想而已。实际上它是一个“自在之物”，是“合目的性”的，只要符合最小作用量原理的要求，它就可以建构起来。

“系统哲学”以自然科学及系统科学为基础，是自然规律的概括与解析。因而它可以给出定量的论证与数理逻辑的说明；尤其当代是网络化思维与各种知识融合的时代,是理论、实验、超算一体化的时代。人文科学与自然科学的大综合是时代潮流的主要特征,“系统范式”是不可或缺的思维及方法,它将成为这个时代的主流意识和主流思潮,并为知识总体的优化打下坚定基础。

哲学与数学的互相验证,极大地启发了我对美学的数理探讨,我们知道哲学与美学是不可分离的,美学与科学是一体并存的,它们都是一个有机整体结构。

爱因斯坦讲,真正投身于科学事业的人,是对自然、和谐与美的追求。科学家的宗教感情,所采取的形式是对自然界规律的和谐所感到的狂喜的惊奇。

爱因斯坦、杨振宁的问题:为什么自然界会有高超无比的“理性和谐”?为什么会选择“美妙概念”和“数学结构”来“构造宇宙”?自然界为什么是这样?我们应该也必须回答。

英国物理学家狄拉克讲:美是唯一的要求。如果实验与美的理念相矛盾,那让我们忘记那些实验吧!

美国物理学家盖尔曼讲:美是我们在选择正确理论的一条十分成功的标准。

德国物理学家海森堡讲:真理有美学标准,美是真理的光辉。

法国哲学家狄德罗讲:所谓美的回答,是指一个困难复杂问题的简单回答。

法国科学哲学家彭加勒讲:世界的普遍和谐是众美之源,唯有这种内部和谐才是美的,从而值得我们努力追求。

德国天文学家开普勒在1618年《宇宙的和谐》一书中,把他自己提出的行星运动第三定律,称为“和谐定律”。由于他对于数学表达对称美的追求(即行星运动和谐的追求),他最终发现了三大定律,这三大定律成为牛顿力学的基础。

上面众多的论述说明:追求美与和谐的重要意义,对于科学家来说是不言而喻的,是他们成功必备的神奇条件之一。科学与哲学及美学也是不可分离的,它们都是自然理性在不同层次上的显现。

本书提出了美学的新定义,以及自然美、艺术美、设计美的内涵与结构。

我们在书中论证了美的变分方程。左边是最小作用量;右边是和谐美;中间是数学符号把两方联结起来,意味着自然逻辑与人文逻辑的统一与和谐,预示着一个新的科学群的诞生,这是一件十分美妙的事情,对美学来讲它具有十分重大的意义,也是一种大美的体现。

希腊人提出:和谐在美,美在和谐。但用数理去证明它,却非易事,我们在本书中做到了这一点。

这样人们一定会利用美的变分方程,设计出无数最美、最善、最真的事物。比如:山西太原科技大学副校长、博导李忱教授,用此变分方程计算出该校每年应该招收多少学生,是节能高效的最佳方案。(可参见《系统科学学报》2016 年第 24 卷第 1 期)

系统美学的重要性、历史性与社会性。

《美国艺术教育国家标准》中写道:“我们的儿童教育成功与否,依赖于形成一种文明的、富有想象的、有竞争力和富有创造的社会,这个目标反过来依赖于是否能够理解这个世界,并能用他们自己的创造性方式为这个世界作出贡献。没有艺术来帮助学生,促进他们的感知与想象,我们的儿童就极有可能带着文化上的残疾步入社会,我们绝不能容许这样的事情发生。”

从理论上讲,柏拉图、康德、黑格尔等思想家,都是以哲学理论为起点,用美学完善哲学体系的,我们也不应该例外。系统美学是"系统哲学"的补充与完善。

本书试图以简明扼要的方式去探讨西方美学、中国美学,以及美学的整体留给了我们什么、缺憾在哪里?

我们知道,当代是全球经济一体化、世界扁平化、人类社会多元化、大数据网络化以及理论、实验、超算一体化的时代,系统科学、系统哲学的思维已成为时代的主流思潮,即互联网思维。那么美学所面临的新形式是什么?

我认为,柏拉图之问"美是什么"仍然需要我们当代人的一个明确的回答。

芒德勃罗说,如此众多的学科之交集肯定是一个空集。我肯定地讲,"交集"与"空集"一定是大美。

本书特别感谢深圳大学艺术设计学院崔育斌教授与深圳逸马集团马瑞光董事长以美妙的图景阐述系统之美。还要特别感谢包商银行对本书出版的巨大支持,以及山西广播电视大学校长李忱教授的建议。

作为第一读者的妻子珍云同志,她的中肯建议和全力支撑,保证了本书的顺利出版。

最后,请大家不要忘记马克思引用《神曲·地狱篇》中的一句话:在科学的入口处,正是像在地狱的入口处一样,必须提出这样的要求:到这里的人们应该排除一切疑虑,这个领域不容许有丝毫畏惧。

2016 年 10 月 20 日于北京

# 第一章　西方美学思想

美学在历史上有许许多多的学派，可以说是不计其数。但对整体人类文明有重大影响的，也就是那么几个罕见的有天资的人物提出的美学思想及理论。

## 一、希腊的古典美学

苏格拉底、柏拉图和亚里士多德等人原创的希腊文明，是一种规范的、高不可及的范本，是一种超时空的、极有生命力的灿烂文化，这种永恒创造力的源泉，成为西方文明的始发地。

### （一）苏格拉底的美学

苏格拉底认为：一切东西适时就是美，不适时就是丑。自然不是

美的本原,灵魂才是美的本原。

苏格拉底有一句名言:“认识你自己。”就是说,认识你自己的灵魂。灵魂的本质就是理性,认识了理性就认识了灵魂;认识了灵魂就认识了美。灵魂——理性——美,这就是苏格拉底认识美的方向路线。这是世界史上,唯灵魂、理性主义的诞生,也是唯心主义的先驱,即理念主义的先驱。这也是美学认识论的一个巨大的飞跃。

苏格拉底认为:美的事物是相对的,美是永恒的;美的事物是“多”,美的意义为“一”,明确地提出一与多的理念。

美是合目的性的美，合目的性是美的基础、美的本质。合目的性就是“神的安排”（神是指古希腊传说中诸神，不是一个神）。

美取决于效用及效用的立场。

美是合目的性的，善也是目的性的。美是有用的，善也是有用的，把美与善和有用联系起来，美与善是统一的。

知识就是美德。苏格拉底认为伦理哲学的基本概念是美德，指出了道德的本质。

总之，美是人的理性美、意识美、灵魂美。人的创造是最完善的艺术美，艺术应当模仿，应当逼真，做到神似。

苏格拉底的美学通过弟子柏拉图、再传弟子亚里士多德发扬光大,影响了世界。

## (二)柏拉图的美学

柏拉图认为:美就是“理式”,而“理式”是看不到的,只有思想才能掌握。“理式”是先验的,它决定事物,而不是由事物来决定。“理式”与事物是两类不同的存在(“理式”相似于亚里士多德的“形式”)。

“理式”的特点:

其一,它有永恒性。

其二,它有绝对性。

其三,它有先验性与单一性。

这个“理式”相当于“理念”(idea),类似概念的意思,可以说是唯心主义的鼻祖。柏拉图提出它,是出于认识“物”的需要,什么是“物的存在”以及物的定义。

毕达哥拉斯与柏拉图都认为,宇宙是一个完美的音乐作品,宇宙不仅是可以见到的美,也是可以听到的美,宇宙是根据黄金分割法构成的。

在美学上,柏拉图的宇宙理论表现了古希腊美学的整体性、结构性、造型性的特点。他认为,世界是一个“完美的生物”、“活的有机体”。理式是柏拉图美学的核心,它高于事物与事物相脱离,又是事物的生成模式与结构模式。理式在物质中最完美的体现作品就是“宇宙”。宇宙永恒的运动规律是最终、最高的美。

柏拉图的“理想国”设计了一个真、善、美的统一体,统治者(哲学家)、卫士、工农业生产者三个要素各司其职、各安其位,构成了社会美;最完善的存在也是最完善的美。真、善、美是统一的,这一认识构成他的美学本体论,后来被普罗丁、托马斯所采用。他认为美存在于自然、社会、艺术中,那不生不灭的美就是美的本身,即理式。

柏拉图认为,和谐是对立要素之间的协调关系,和谐是以对立面

要素存在为前提的，对立面要素经过互相作用后达到互相融合，这就是美，个性和谐、社会和谐、自然和谐是他一生的追求。他认为，全民应该唱歌、跳舞、游戏，这是和谐的一种表现。

最高“理式”是真善美的统一。

柏拉图认为，宇宙是理性与感性最完美的结合。他把宇宙的灵

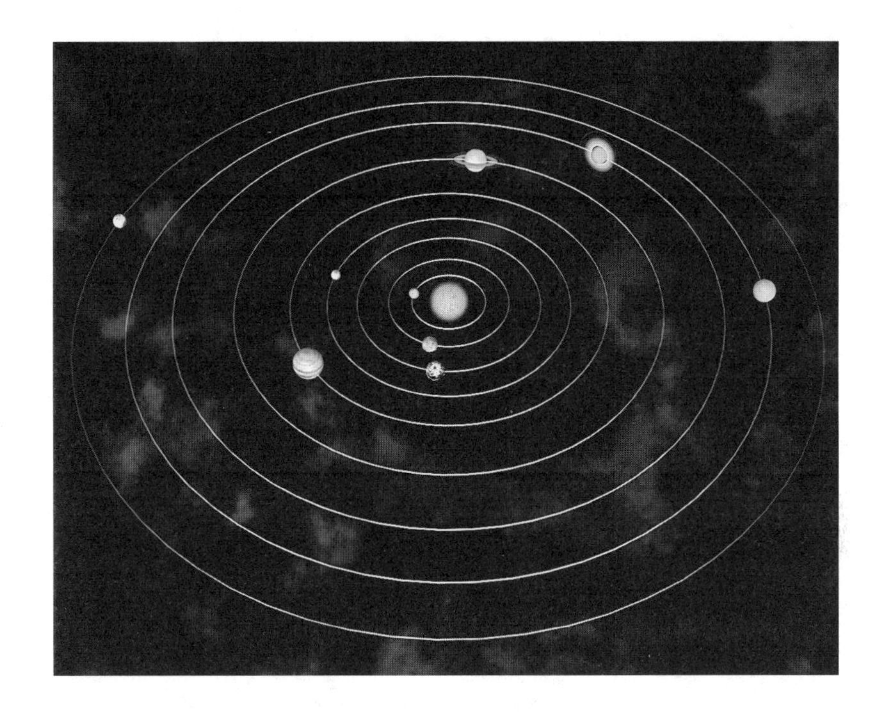

魂分为两部分:一部分是永恒的存在——“同”;另一部分是生成性的存在,是“异”。

宇宙永恒的运动规律是最终的、最高的美。宇宙是美的球体,它是最完善的存在,也是最完善的美。

最美的境界是心灵的优美与身体的优美,和谐一致融成一个整体。和谐是各个对立面之间的协调关系。

“理式”是柏拉图美学的核心,它高于事物。

善与美是最明亮的存在。美是善的明亮表现。真善美的统一是柏拉图美学的基础,是美学的本体论。

他继承了毕达哥拉斯学派的思想,他认为宇宙是按黄金分割比例构成的,是具有和谐音乐的整体。

宇宙是三维的几何形体,世界是一个完美的生物,他在“理想国”中设计了一个真善美的统一体。

他的重要贡献是创建了“理式”唯心理论。他用“理式”代替了神,这样“理式”也成为了“神”。柏拉图的哲学、美学、宇宙学等等理论,尤其是“理式”论,对世界产生了巨大而广泛、深远的影响。

“理式”论是柏拉图哲学与美学的核心,他把世界分为三类:第一类是理式世界,是唯一的真实存在。第二类是现实世界,它是第二性的,存在是理式世界的范本。第三类是艺术世界,它是模仿现实世界,与理式世界相比,它是范本的范本。

柏拉图把美看成“智力的表现”,并认为:一种艺术提供快感;一种艺术可以增进道德。

## (三)亚里士多德美学

亚里士多德是柏拉图的学生,被恩格斯称为“古代的黑格尔”。

亚里士多德认为,宇宙是美的有机体。宇宙的理性是最高的存在,也是最高的美、终极的美,是先于其他一切的美。

宇宙理性是主体与客体的统一,主观与客观的统一。

BOOTES
Hercules
Aſterion
Urſa Major
Corona
Chara
Serpens
MONS MENALIS
COMA BERENICES
Fig. F.

宇宙的理性有独立的自在性,因此也是美的独立自在性,也是快乐与幸福的顶点。

亚里士多德认为,所有的美是善。善要成为美,必须产生愉悦。他认为,美的最高形式是秩序、对称。确定性的美产生于数量、大小和秩序。

亚里士多德的美学基础是“四因论”的哲学,四因论是指质料因、形式因、动力因、目的因,有了这四个原因事物才能产生。他的“形式”就是柏拉图的“理式”。柏拉图的“理式”一般在个别之外,

亚里士多德的“形式”是一般在个别之中。

万物追求的目的正是宇宙理性最高的美。这里我们应该科学地指出,万物追求的目的是最小作用量,耗能最少、效益最好的演化及结果,最小作用量才是宇宙理性最高的美,也是最高的善。

宇宙的运动是最高审美的对象。人体本身是一个小宇宙,宇宙是完美的,美是善和愉悦的结合。

亚里士多德大大发展了苏格拉底和柏拉图的哲学、美学、宇宙学、生物学、几何学等方面的理论,对后世产生了巨大的影响。

希腊文明除了以上三大贤人之外,还有一个必须提及的,他就是早于三贤的毕达哥拉斯及其学派。

毕达哥拉斯及其学派把哲学、数学、天文学、美学等学科结合起来,形成了一个独特的理论体系。他们认为,数学是宇宙的本源,数是万物的灵魂,数是一种创造力和生命力。

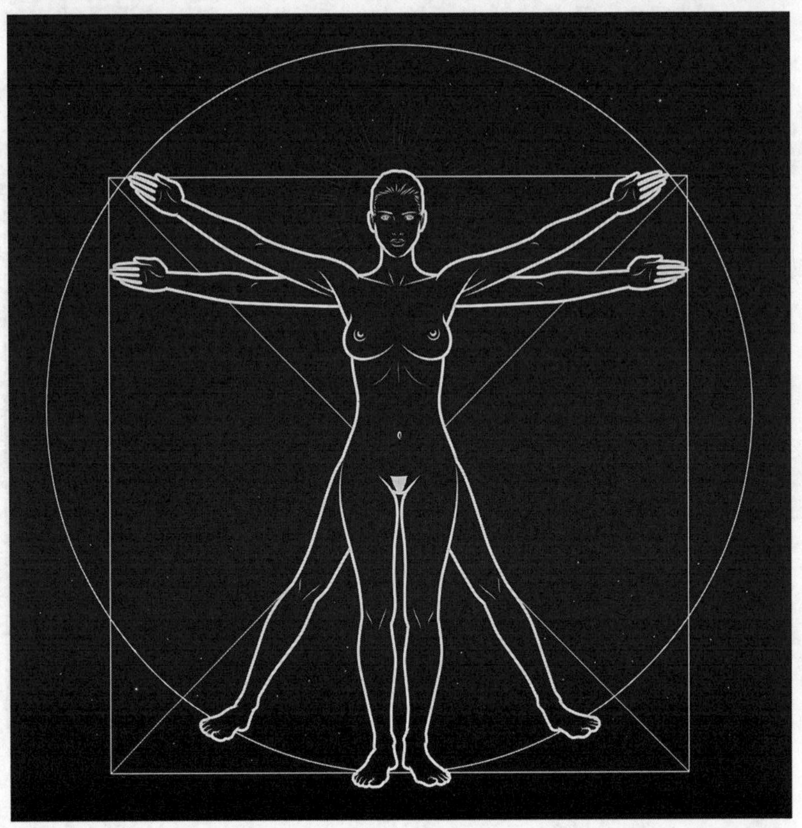

宇宙的各个天体都处在由数组成的和谐之中,天体的运行是和谐的。距离地球越远的天体运动越快,同时发出高昂的音调;距离地球越近的天体正好相反,它们运动慢,而发出浑厚的音调。各个天体在运动中,发出不同的音调,组成了和谐声音,构成了一个天堂的大合唱。他们同时也发现了弦长按一定的比例能发出和谐的声音。可感、可见、可视的宇宙是最高的美。

后来的科学家认为,这是一个伟大的发现。

和谐之美适用于物体的、精神的、艺术的活动之中。用和谐的观点,解释宇宙的构成与宇宙之美。

他们认为,一切事物都有几何结构,这个结构对应的,一是点、二是线、三是面、四是体,因此希腊最早期的美学已经具有了结构性、形体性、造型性,数的和谐美具有本体论与认识论的意义。

他们提出"一根棍从哪里分割是最美"的问题,结论是黄金比例分割(即神的比例),并计算出近似值0.618,可以讲如果没有这个比例,任何艺术都不会存在,任何艺术美也不会存在。

他们基于把世界理解为几何形体,因此把比例、尺度、和谐、均等、秩序视为审美的基本原则。

毕达哥拉斯及其学派的宇宙和谐理论,对后来的科学技术产生了重大影响,许多科学家都是在他们的启示下取得了重要成功。比如天文学家托勒密、哥白尼,甚至大物理学家爱因斯坦等等,都是从宇宙和谐出发,构成了自己的理论。

古希腊哲学家赫拉克利特,他出生在古希腊的王族家庭里。本来应该继承王位,但是他将王位让给了他的兄弟,自己跑到女神阿尔迪美斯庙附近隐居起来搞研究,著有《论自然》一书。

他认为,艺术应该模仿自然,万物是经过斗争而和谐统一的。比如,琴弦互相作用产生和谐;男女是相反相成的;音乐有高低、长短、轻重,是对立面的斗争产生和谐的。

赫拉克利特强调了对立面的斗争,而毕达哥拉斯是强调对立面的统一,后来的黑格尔继承了这个观点。前者类似于斗争哲学。

赫拉克利特认为,宇宙存在三种美:神的美(多种美)、人的美、动物美。他有一句话非常有名:火是万物的本原。他把存在的事物看作是一条河流,他认为一个人不能两次踏入同一条河流。这个观点使他成为当时具有朴素辩证法思想的卓越代表。

古希腊哲学家恩培多克勒认为,和谐是活的整体,世界由六个要素构成:火、气、水、土、爱和恨。爱在支配地位时,世界是和谐的;恨在支配地位时,世界是分裂的。

古希腊哲学家德谟克里特,他把四要素抽象为"原子",四要素互相转化,他认为身体的美必须与聪明才华结合起来。吃、喝、爱情不过分才是美。疯狂的灵感、激情的燃烧才是艺术。

古希腊哲学家普罗泰戈最著名的一句话:"人是万物的尺度"。一切东西适时就是美。

总结古希腊美学文明和几个代表人物的观点与理论,我们自然会认识到:

其一,希腊文明巨大的历史意义在于,至今仍然是具有重大影响的思想来源之地,许多后来的创造发明都来源于此。正如美国著名学者、哲学教授威尔·杜兰特在与夫人合著的《历史的教训》中讲到的:"希腊文明并不是真正的死了,而只是外壳不再存在了,栖居地发生了改变,内涵得到延伸;希腊文明永远活在人类的记忆中。即便是终其一生,也难以将其全部吸收。""罗马引进了希腊文明,并向欧洲输出,美国从欧洲文明中获益,又准备以前所未有的技术方式再次传播出去。"其中的美学更是如此。

其二,"在他们的哲学中,差不多可以找到以后各种观点的胚胎萌芽。"①怀特海曾讲:西方哲学两千五百年的历史,不过是柏拉图哲学的一个脚注。

其三,古希腊的文明与古希腊美学,应明确地分为两个时期:毕达哥拉斯时期与苏格拉底、柏拉图时期。前一期是用自然科学、数学、物理、宇宙学来解释宇宙和美学。后一时期就逐步转入了用人文科学解释美学。传统美学家认为这是一种进步,我倒觉得它是一种明显的倒退。我们现在应该沿着毕达哥拉斯开拓的路径,即人文科学与自然科学融合之路进行大胆创新。

其四,苏格拉底认为美的事物为"多",美的意义为"一",即美的概念意义为"一"。这就相当于柏拉图的"事物"与"理式"的关系。"理式"是永恒的,美是一种理式。美的事物是变化的、相对的,美的意义是不变的、永恒的。这也成就了1800多年后黑格尔的绝对精神的哲学。

从苏格拉底的美的事物为"多",美的意义为"一",到柏拉图的"理式",再到亚里士多德的"形式",以及黑格尔的"绝对精神",这是一条理念主义的路线或者是唯心主义的路线。这条理念的路线对世界的影响极大,西方哲学在黑格尔时代达到了顶峰,所以西方美学都是理念主义或唯心主义。黑格尔去世后,随着黑格尔哲学的逐渐

① 《马克思恩格斯文集》第8卷,人民出版社2009年版,第188页。

解体,标志着传统西方哲学的终结。此后的西方哲学可以分为理性主义与非理性主义等等多种学派,美学也不例外。主要有如下路向:费尔巴哈、马克思的科学唯物主义,这是最重要的一派;主张回到康德的一派;意志哲学、生命哲学、存在哲学等等的一派。

其五,古希腊的审美的基本原则,英国美学家鲍桑葵认为有三条:道德主义的原则,艺术的内容要按照生活中的道德标准来判断,这也是善的原则;形而上学的原则,艺术是自然不完备的复制品,只能逼真的模仿自然,因此自然是第一位的,艺术是第二位的,是第二个自然;审美原则,纯粹是形式的,美寓于多样性的统一中。

除了上面的三条原则外,我认为实际上还有一条更重要的原则——科学原则。

首先,从科学原则出发来看,一根棍从哪里分割才是最美的,结论是黄金分割法,并且可以近似的计算出 0.618 的比例。而且整个宇宙就是按照黄金分割的比例构成的,并具有和谐音乐的整体。

其次,科学原则主张,数是万物的灵魂,数是宇宙的本原。宇宙中的各个天体是处于数的和谐之中的,数具有创造力和生命力。

最后,美是数的和谐,相对于古希腊时期的哲学家泰勒斯的一句话:“万物源于水”,科学原则提出:“数即万物”。

这一科学原则对当今的科学、艺术、人文仍有重要的指导意义,这也是宇宙系统美学的最早的阐述,它完全符合当代系统科学、系统哲学以及互联网理论的观点。

后来的哲学与美学家们都是围绕这几个问题展开讨论的,到现在仍然没有定论,由此说明希腊文明与美学的博大精深及指导引领作用。

## 二、中世纪的美学

古罗马哲学家普罗丁的美学原则是“太一”本身。“太一”有“原一”、“整一”、“一”的意思。“太一”被视为世界的本原,是绝对的,“太一”产生的第二个本体是“精神”或“理智”,即宇宙的理性,是客观现实的存在。“太一”的产物是灵魂,人有灵魂、天、地、植物都有灵魂。

“太一”高于世界,高于一切。普罗丁把“太一”称作“善”,理智的美来源于善。他把美分为三级:一级是理智美;二级是自然的理式美,人的灵魂美;三级是感性的欣赏美,如艺术作品美。

作为基督教哲学的教父哲学和经院哲学,在宗教美学的观点方

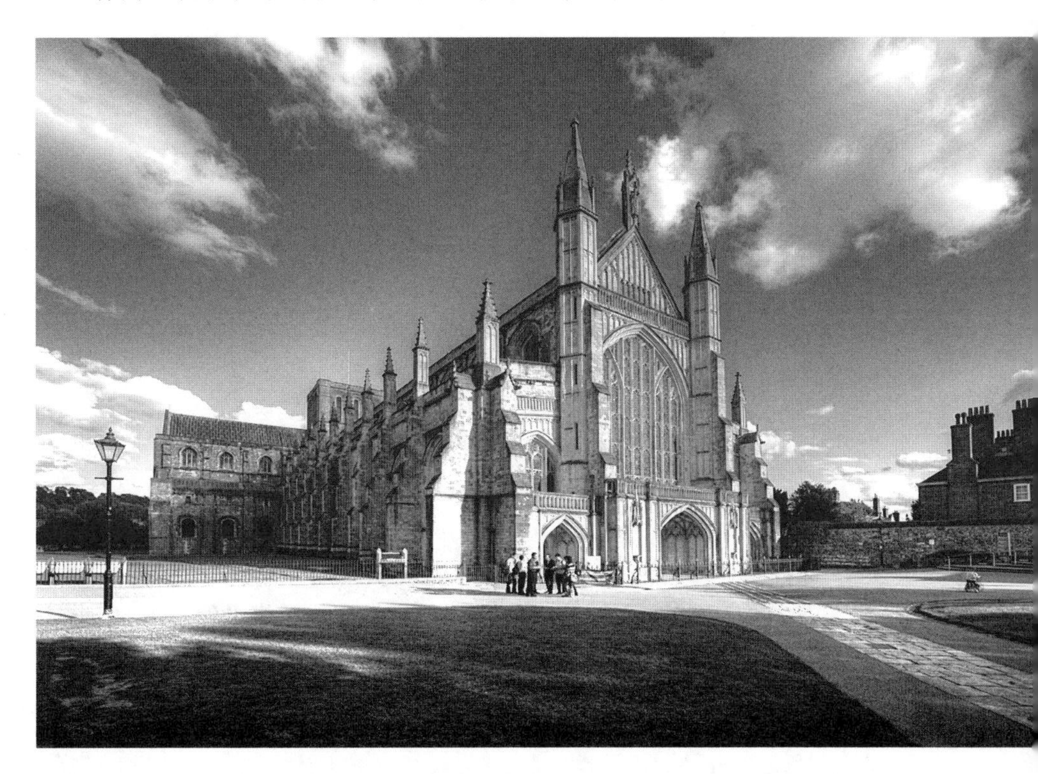

面也存在差异。奥古斯丁是教父哲学的代表,他有一本《忏悔录》,认为上帝是最高的美,奥古斯丁区分了“自在之美”与“自为之美”,即动态之美与静态之美,并认为美是一种存在,丑是存在的不足。托马斯・阿奎那是经院哲学的代表人物,他提出了美的三要素,即美是完美和完整;美是适当的比例与和谐;鲜明的颜色是美的。在托马斯・阿奎那看来,完整、和谐、鲜明就是美的,而这三个要素都来源于上帝,神的美是绝对的美,一切美的事物都来源于上帝。后来他的哲学被作为天主教的官方哲学。

中世纪的美学是神学。

他们认为“上帝至美”是美的根源。美是整一与和谐,认为上帝是最美的,上帝就是整一与和谐。最高的美必有神性,这个神不是希腊的诸神,而是唯一的神——上帝。这样上帝成为美与一切艺术神学的规定性。

意大利文艺复兴时的艺术家达芬奇认为绘画是真正的哲学与科学,也是数学。自然与数学都是艺术家的老师,艺术创造要模仿自然,他发现美存在于自然与人体中,这种美是和谐的美,各部分对整体的平衡。画家的心应该像一面镜子,他认为画家是自然的儿子,要成为画家,首先要学习科学。

## 三、近代美学

法国笛卡尔的“我思故我在”的哲学成为美学的第一原理,被认为理性是一切知识的基础与源泉,也是存在的依据,认为美是结构、整体与部分的和谐。笛卡尔认为,不应该从信仰开始,应该从怀疑开始。对一切加以怀疑,唯一不能怀疑的是正在怀疑的自我,即思维着的自我。这是一条最确定的知识。“我思”是一种理性活动。笛卡尔的二元论认为,精神与物质是两个独立的本体,上帝是沟通两个本体的桥梁。他的理想是按照数学规律去思维,这与当时法国国王路易十四所主张的对法国社会各层面规范化、精确化管理的要求是一致的。他说:当我思维的时候,我存在,假如我停止思维,我的存在便没有了依据。当别人怀疑时,他必定在思考,因此得出“我思,故我在”,“我”是作为一个思维的东西,能思维的人是美的。有规律、有秩序的自然是美的,用理性指导人类的行为是美的,上帝是灿烂光辉的美。理性就是规则、法制、良知,这也是文艺与审美的普遍标准。

英国的培根认为,美是客观的属性。表现为比例的奇特,动态美胜于静态美。

18 世纪英国杰出的哲学家休谟否认美的客观性,认为美只取决于人的主观。休谟认为,每个人的心里有不同的美,我们不知道美的客观基础是什么。

英国哲学家约翰·洛克认为美是一种观念。洛克是第一个以连续的“意识”来定义自我概念的哲学家,他也提出了心灵是一块“白板”的假设。他的“本体”自我理论也影响了后来大卫·休谟、让·雅各·卢梭与伊曼努尔·康德等人的思想。

德国思想家、哲学家、天文学家康德认为,美是无利害的快感,美是无目的的合目的性,美是一种自由的快感,以区别于生理的、道德的快感。合目的性是规律性与最终目的的中介;艺术是自由的游戏。

康德指出,美学是哲学认识论的一部分,即哲学美学。康德把美学分为三种:自由美、纯粹美、依存美,大部分的自然美是依存美。他在《纯粹理性批判》一书中,讨论如何认识自然的必然。在《实践理性批判》一书中,讨论伦理学,认为道德是一种无上的命令,必须绝对服从。现象界与物自体,即自然的必然与道德的自由,各自是封闭系统,他把两者结合起来,才写了《判断力批判》一书。美学如何结合认识论与伦理学,即现象界与道德界,他认为审美能够从感性的现象界过渡到超感性的道德界,这就是繁星密布的天空与人心中的道德的沟通。康德的这三部著作实现了他理想中的真、善、美的统一。康德提出的三大问题:我们能够知道什么?我们应该做什么?我们可以希望什么?他的三本书作了回答,他的审美判断不是知识判断,不是逻辑判断,而是凭借想象力和理解力的结合,与主体相联系的审美判断。

德国哲学家费希特认为美育是培养人内心的和谐,哲学应该是"知识学"。他提出了三条基本原理:第一条原理是正题:自我"设定自己","自我"是绝对"自我",自己决定自己,不依赖任何东西。第二条原理是反题:"自我设定非我与自己对立","非我"是自我意识之外的客观存在。第三条原理是合题:自我在自我之中,设一个可分割的自我与一个不可分割的自我对立;他想解决二元论的对立与分裂。在审美关系中,人认识的仅仅是自我,而不是客观世界自然美,自然美是人的感情的投射。

德国著名思想家歌德认为,美是自然中的,自然即是美的。艺术要模仿自然,艺术既是自然的,也是超自然的。美学家席勒则认为,人有两种冲动,一是感性的,二是理性的。

德国哲学家黑格尔把绝对理念划分为三个阶段:自在的(逻辑学阶段)、自为的(自然哲学阶段)和自由的(精神哲学阶段),或者说是:正—反—合三段论。他想解决近代哲学的中心问题:思维与存在、主体与客体的统一问题。

他的绝对理念先于自然界与人类社会的存在,是世界的本原。自然、社会、意识都是绝对理念的体现,他的绝对理念等同于上帝。黑格尔的美学没有包括自然美,他认为自然不因自身而美,只是为主体而美。他认为"美是理念的感性显现";他说美是理念,只在感性的显现中存在,自然是理念的异化形式。他肯定了美是理念与感性的统一,也就是感性的东西心灵化,心灵的东西感性化。

美内在的东西就是理念,美的外在形式就是感情表现,黑格尔认为,艺术美高于自然美。

德国哲学家叔本华提出,"世界是我的表象"、"世界是我的意志"。主体的本质就是意志,人的思想、人的理性都是意志的表现,意志无处不在,意志是世界的本原。叔本华继承了柏拉图及德国古典哲学的理念说,认为美是理念的表现。

德国古典哲学家费尔巴哈认为黑格尔绝对理念是人的本质力量异化的产物,他认为思维产生于存在。其美学思想是以人为中心的现实主义美学。

德国哲学家尼采认为,世界只有一个,意志与现象是不可分离的,意志是世界的本原,把美、艺术理解为陶醉即生命力的丰盈与剩余。尼采哲学有三个重要的范畴,即强力意志(权力意志)、永远的轮回、重估一切价值。生命要求的不是生存的竞争,而是权力意志的竞争,是生命力的极度张扬。这个世界就是权力意志,把真、善、美都看作了强力意志的产物,尼采宣称:上帝死了。反映了欧洲的信仰危机,也宣告了旧秩序的衰亡,人的权力意志无条件的统治地球,重估价值就得由超人来担当。超人是权力意志的最高形态。尼采认为,阿波罗(日神)与狄俄尼索斯(酒神)代表了人类两种不同的本能:一种是纵情欢乐、激情与高涨狂醉的状态,另一种是追求美的梦想;一种是理性,一种是非理性。用梦与醉的二元论阐述艺术的本质。艺术的本质是对生命的模仿,意志就是生命的冲动。日神与酒神的冲动直接来源于叔本华的意志世界与表象世界,尼采以其人生哲学与美学思想成为存在主义的先驱。

法国史学家兼文艺理论家丹纳认为艺术取决于种族、环境、时代的三要素。丹纳提出:“从事实出发,不从主义出发;探求规律,证明规律”,认为艺术的三要素是:种族、环境、时代。种族因素是内部根源,环境是外部压力,时代则是后天的推动力量,正是这三者的相互作用,影响和制约着文学艺术的发展和走向。他最早阐述了艺术的社会决定问题。

## 四、现代美学

现代美学是以反传统、反理性、反形而上学为特征,以现象学美学、解释学美学、存在主义美学、实用主义美学等为主流的一些学派。

德国哲学家胡塞尔的美学是“走向事情本身”的现象学。

德国哲学家海德格尔的美学是“存在的美学”，是一个“自身是自身的根据”的存在，并没有回答美是什么。

法国20世纪著名哲学家萨特的存在主义认为，以想象建立起来的自在与自为相结合统一的世界，就是艺术与美。

德国心理学家、美学家里普斯的移情说。

奥地利心理学家弗洛伊德的本能冲动、压抑与升华的美学。

现代派的艺术与美，具有偶然性、随机性与不确定性，他们只关心日常随机的心理活动，似乎人的心理与生活都在游戏与嬉笑之中，是超现实主义的流派。其中有：浪漫派、野兽派、达达派、波普派、涂鸦派等等。这些流派的主要特征是：幻想的、嘲讽的、滑稽的、放荡的。

比如，人体滚色表演，三个裸体女人在身上涂满各种颜色，躺在画布上翻滚，形成各种不同的痕迹，称为“艺术作品”。

而比较典型的制作方式，是在声光电的技术规定下，去构建各种离奇的画面。把情感、欲望、意志梦幻般地组合起来，展现出万花筒的效果。他们的原则是：反抗即是规范，把艺术当作宣泄情感、欲望的极端方式。

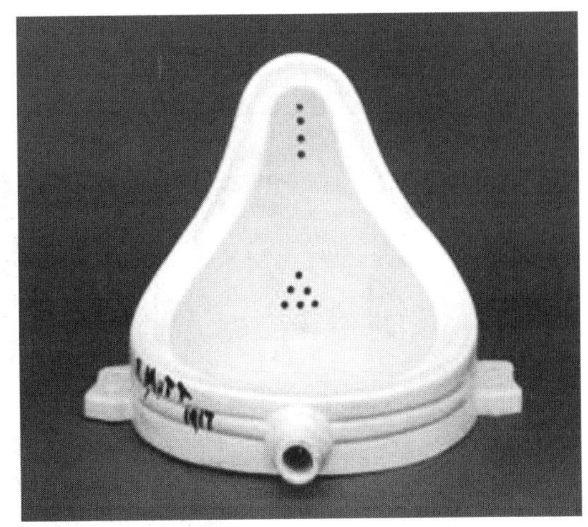

无目的的陶醉、无目的的疯狂、无目的的嬉戏，艺术与美真正成了无底棋盘的游戏。虚无主义彻底摧毁了艺术世界。现代主义与后现代主义艺术的核心是标新立异，是疯狂与幻觉的组合，把虚无主义推上了顶峰，推上了不归之路。

西班牙画家、雕塑家毕加索讲，现代艺术是给人类最大的恶作剧。

后现代主义学派提出“上帝之死，人之死，主体之死（即作者之死，读者之死）”，后现代主义者更像一群销售廉价赝品的团伙。“无

画即画”是他们的标志口号。

如法国画家杜尚在 1917 年将一个小便器命名为“泉”,用反讽的方式打破了艺术与生活的界限。

杜尚为“蒙娜丽莎”画上胡子,是对传统艺术与美的反抗与否定,是一个粗鲁的讽刺。

原作与复制对一般消费者而言,已经没有意义,一切都可以消费。

从西方美学史上看,属于自然派的美学家都认为美是自然的属性,大概有:

希腊经典美学家阿拉克西曼的美是整体;毕达哥拉斯的美在于和谐;苏格拉底的道德哲学的基础是美德。近代美学的培根认为,“美是客观的属性”;歌德的“美是自然中的”、“自然的即是美的”。

这一派属于美是自然的，自然的即是美的，美在自然；美在自然的演化之中，这属于自然派的美学家、思想家。

另一派从苏格拉底的美的事物为“多”，美的意义为“一”，到柏拉图的“理式”和黑格尔的“美是理念的感性显现”为主线的美学，包括叔本华、尼采的意志哲学美学，用感性、意志、思想代替了客观的美、客观的艺术性、实用性，这一派属于否定美是自然属性的美学，他们的后人都走向虚无主义的梦幻之路。

自19世纪中叶黑格尔哲学解体以来，哲学有了危机感，但哲学没有消亡，美学也没有消亡，也没有“安息”。取而代之将是系统美学、系统哲学，这一点应该是顺理成章。

# 第二章　中国美学思想

"爱美之心，人皆有之。"

但我们中国人从古至今对美学理论很少有人去深入探究，正如梁启超所言：中国文化的特点是，只可意会，不可言传，有笼统、武断、因袭、虚伪之特点。

从西方美学的观点看，中国没有真正的“美学”，只有一些零散的片段及论述。中国的学者自20世纪初引进日本美学概念并翻译了不少西方美学书籍，从此开始了正规美学的研究。

但是，中国美学思想的发端，始于春秋；而这一时期也正是其他各种思想与哲学的发端期。

这一点正符合德国学者雅思贝尔斯很著名的命题——“轴心时代”。在这个时代所产生的人类文明有重大的突破，各种文明都出现了伟大的精神导师，包括古希腊的苏格拉底、柏拉图、亚里士多德，以色列犹太教的先知们，印度的释迦牟尼，中国的孔子、老子等。他们的思想原则塑造了不同的文化传统，也一直影响着全人类的思想与实践。

人类历史上的“轴心时代”的“终极关怀的觉醒”，正是社会系统演化到了一定阶段所产生的“突变”，彻底改变了人类社会的进程。

中国美学思想进一步的展开与深化，是在魏晋、南北朝时期。这是春秋之后中国人思想解放的第二浪潮。

在春秋战国与秦朝统一中国后，中国的美学思想主要集中在《老子》、《庄子》与《周易》(《易经》)的哲学思想中。

老子建立了以“道”为核心的哲学思想体系，提出的道、气、象、有、无、虚、实等一系列哲学思想范畴。中国的哲学及美学思想都受到老子思想的巨大影响，甚至是当代的中国哲学与美学都离不开老子的思想体系。比如，《老子》认为：

1. 道是原始混沌。老子讲：“有物混成，先天地生。”这正符合当代宇宙学模型与奇点理论的原理，宇宙处于零时空的量子状态。即时间与空间为零，宇宙半径也等于零的状态。那个时期的“混沌”就

是所谓的“道”。

2.“道”生万物。道生一,一生二,二生三,三生万物。宇宙从此开始演化,然后涌现出星系、太阳、地球、人类等。这也符合当代的物理学、宇宙学、生物学等等。只是将“道”改为奇点就对了。

3. 道法自然。即大自然的自组织、自演化,在节能省时的驱动下,大自然自然而然的演化着,不需要任何外力的推动,这也符合当代的系统理论。

4. 道是有与无、阴与阳的统一。也正好是在奇点的统一。

5. 老子的道、气、象、有与无、虚与实、美与丑、难与易、长与短、高与下、“涤除玄鉴”等范畴,在哲学美学方面都有积极作用。

老子的这些思想对后代的美学理论及思想具有重大的影响,尤其是虚与实的结合与统一、“涤除玄鉴”、“美与丑”、“善与恶”成为中国美学思想的重要范畴。

再如,中国画的一个重要特点就是线条,线条之外就是虚旷的布白,虚与实构成了中国画的基本要素。

中国书法也讲究“布白”,中国建筑、中国园林、中国艺术戏剧等无不遵循虚与实的原则,这是中国艺术美的重要特点之一。

庄子认为,道是最高的绝对之美。美与丑是相对的,本质上都是“气”,天地之间的“大美”就是“道”。“道”是宇宙的本质,是客观的存在,是哲学美学的本体论。

庄子讲:“天地有大美而不言,四时有明法而不议,万物有成理而不说。圣人者,原天地之美而达万物之理。是故圣人无为,大圣不作,观于天地之谓也。”(《庄子·知北游》)

庄子的这些观点,倒也相似于古希腊人的观点,认为宇宙是最大、最高的美,绝对的美。但是为了达到“至美至乐”的境界,庄子认为必须要做到“无己”、“无功”、“无名”,排除“外物”、“外生”、“外天下”。才能游心于“道”。实际上是说抛弃一切私心杂念,就可以

得到“道”，才可能达到“至美至乐”的仙境，也就是高度自由的境界。

庄子讲：“其美者自美，吾不知其美也；其恶者自恶，吾不知其恶也。”意思是说，美者自美，美就变成丑了；丑者自丑，丑就变成美了。美与丑在一定的条件下互相转化，没有绝对的美与丑，二者本质都是“气”。这些思想极其明朗与有趣，充满了变动演化的思维，这是当代两极思维的初级版。

庄子的“心养”即“心斋”、“坐忘”，它对后来中国的美学思想产生了重要影响，尤其是在魏晋南北朝时期。

《周易》建立了以阴阳学说为核心的哲学思想体系，是先秦哲学思想的代表。《周易》与《老子》一样，认为世界是不断变化的。“日新之谓盛德，生生之谓易。”即天下无常，刚柔相推。“易穷则变，变则通，通则久。”

《周易》的阴阳刚柔、阴阳相推，变在其中矣。《周易》认为万物就是两个对立的要素，即阴阳互相作用的结果，所谓的相反相成，这与老子的思想一脉相承，这个思想一直影响了中国达两千多年，直到当今我们仍然在两极思维的导向中。

《周易》(《易经》、《易传》)提出了“立象以尽意”与“观物取象”的命题，它对美学思想的产生有较大的影响。

以《老子》、《庄子》以及《周易》(《易经》、《易传》)为代表的哲学思想，尤其是在《周易》中，提出了一个特别绝妙的思维，就是结构与时空序的思维。

在中国古老的百科全书式的《易经》中，八卦就是由阴爻“- -”与阳爻“—”两个要素构成，每次取三个爻加以组合排序。比如震卦(☳)、艮卦(☶)、坎卦(☵)三个卦都是一个阳爻“—”与两个阴爻

“- -”的组合。要素的数量一样,但要素的组合顺序不一样。因此它们代表的意义也不一样,决定的事物也就不一样。矛盾思想(阴阳)与系统思想的高度融合是《易经》的奥妙所在,也是一般人难以理解的地方。如果八卦相互重叠,就是六十四卦。

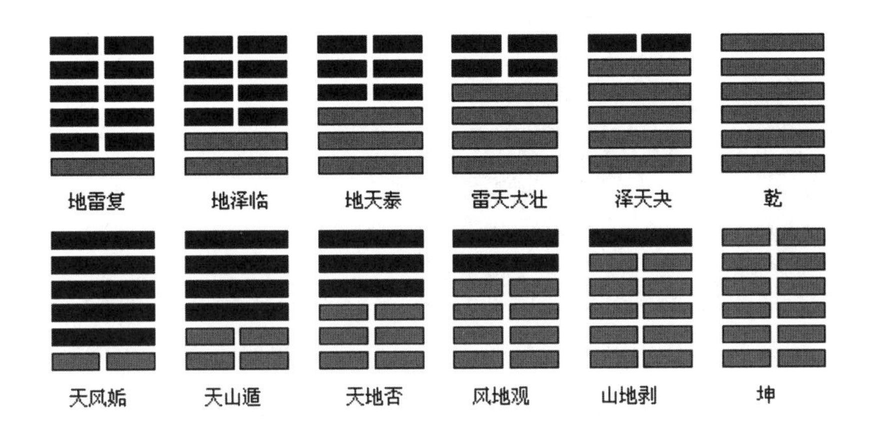


这个时空序的思想正好是当代的系统思维,它是非常难能可贵的思维。

我们知道,事物的性质决定于结构,结构取决于三要素:其一,要素的特性;其二,要素的量子涨落的平均规模与放大效率;其三,要素的连接方式,即时间、空间秩序(简称时空量或时空序)。这三个要素在规定系统结构性质时,所起的作用不同,在一般情况下,三个要素的互相作用决定结构的性质。

但我们的祖先在两千多年前,就提出了这个重要的排序思想即时空序的思想,是非常不容易的。

相反相成的两极阴阳思维在美学思想里表现很突出,如“天地之道,阴阳刚柔而已”;天地之精英,而阴阳刚柔之始发也。其阳刚之美者,则其文如霆、如电,如长风之出谷,如崇山峻崖,如决大川,如

奔骐骥；其光也，如杲日，如火、如金。无论自然美、艺术美、设计美，似乎一切美都是由两极构成。这种提法显然是不科学的，它有很大的局限性，因为事物是相似生成的。

以《老子》、《庄子》及《周易》(《易经》、《易传》)为代表的哲学及美学思维，极大地影响了后代中国人的意识、思想、行为等。正如儒教对中国的政治、伦理、文学艺术和社会发展的根深蒂固的影响一样。老子、孔子所代表的道家和儒家这两大思想渊源决定了中国人数千年的命运，决定了中国人的思维及美学思想的范式。

孔子认为：艺术要达到“仁”的境界。他把艺术与社会教化联系在一起，他强调美与善是统一的，并认为“美”是形式，“善”是内容，艺术应该是美的，内容应该是善的，也就是“文”与“质”的统一。

孔子的“智者乐水，仁者乐山”，智者动，仁者静；智者乐，仁者寿。这就是说聪明的人能适应周围的环境，行为自由坦荡，悠然自为，犹如水一样的存在与行走，乐在其中。有道德者，像高山一样雄伟、自豪、长寿。

孔子在《论语·泰伯》中用“大”描述高尚的道德，“大哉尧之为君也！巍巍乎！唯天为大，唯尧则之。荡荡乎！民无能名焉。巍巍乎！其有成功也。焕乎！其有文章。”由此可见，孔子把美感与道德、人格联系在一起;把美感和动与静、乐与寿联系在一起。

孔子的兴、观、群、怨的观念,可以讲是孔子对诗歌的社会作用作出了明确的要求。

“兴”可以感动精神,奋发向前;“观”可以了解社会,了解作者;“群”可以与人们交流思想、保持协作、和谐共处;“怨”可以发表不同意见,表示社会的宽容。

当然孔子的这四个意念是互相联系的,可以说对文艺的社会作用作出了全面描绘。

孔子在《论语・里仁》中讲,“里仁为美”,意思是仁厚之俗为美。与有仁德之人在一起为之善。这里讲的是伦理、道德之美。如“君子成人之美,不成人之恶”,助别人做好事,不助别人做恶事。在这里美与善是同一的。

孟子提出“充实之谓美”，即充实人的美德，使人不虚，是为美人，美德之人也。

孔子、孟子把美学思想局限在对事物的认识上面，即局限于美学思想的认识论。这一点也不同于老子、庄子的美学思想，尤其是庄子明确地提出了，道是最高的美，道是绝对的美，天地之间的大美就是“道”。

老庄哲学思想上关于“道”是大美的美学思想，与古希腊人的观点是一致的，即宇宙是最高、最大的美，可达到至美至乐的境界。可惜老庄这个思想没有被后人继承和发扬起来，不过后人就是继承下来也是极困难的，因为“道”的本身概念就是非科学、非理性的东西。

庄子的这个思想正是中国美学本体论的渊源，也是中国自然美的渊源。应该说这是中国美学思想与西方美学思想的重大区别，一个是建立在自然科学基础上的，另一个是建立在不确定性概念上的，但有一点是统一的，即认为宇宙是大美。

传统上认为，中国美学思想是意念的表现，是意境的构造，是境界的情景交融，是理念主义的。而西方美学是实物的再现与逼真，是物质主义的。这两种见解都过于狭窄，比如对于表现自然美而言，西方美学“逼真”再现的方法，就是自然、合理，是科学的，是最有魅力的一种方式。中国理念式的、意境式的手法和手段来创造美，应该说对于艺术美、设计美是十分恰当的，而对自然美的表现是不适宜的。由此，可以说对于不同美的来源，应该用不同的手段去表现。

关键的问题是中外美学家们没有区别什么是自然美，什么是艺术美，什么是设计美。

## 一、汉代的美学思想

这一时期主要代表作是淮南王刘安主持下编写的《淮南子》与王充的《论衡》。这两部著作突破了儒学，推崇黄老思想，它是老子、庄子哲学思想的回归。比如，“形”与“神”这对范畴到了汉代演化成了“形神论”，到了南北朝时又进一步成了“传神写照”。

《淮南子》与王充传承了老子与管子“气”的概念，构成了自己的元气自然论学说，认为万物是“元气”而生。“天地合气，万物自生”，并肯定了美的客观性、美的相对性。比如“嫫母有所美，西施有所丑”。还提出美的形式是多种多样的，如“佳人不同体，美人不同面”。当然这些描述只能局限于艺术美之中，对于自然美是不合适的。

王充提出了真、善、美的统一，他说艺术一要真实，二要有用。他在《论衡》中认为“真”才能美，因此他的真、善、美是统一的，他还肯定了美的多样性。而真善美的统一，在清朝初期的王夫之、叶燮那里统一起来，但这种统一也是一种初步的统一。

## 二、魏晋南北朝时期的美学思想

汉代的经学其共性是拘泥、僵化、教条。经学化的儒教，它不能治国安邦,也不能成为功名利禄的捷径,人们因此开始寻找替代它的东西。

这一时期出现了一批有关美学思想的著作。如曹丕的《典论·论文》、嵇康的《声无哀乐论》、刘勰的《文心雕龙》、陆机的《文赋》等。

魏晋南北朝对美学思想的发展,受到玄学的影响,实际上是老子、庄子哲学的复活。因为儒学经过汉朝的演化及王莽王朝的出现,证明了儒学是无用的,它既不能强国,也不能富民。在此时期出现了用道家思想诠释儒家经典的现象,也就是“儒道合经”,形成了一个特殊的意识形态“玄学”。是披着儒家外衣的道家思想,当时可以说是风靡天下的一种思潮。玄学取代了经学,老子取代了孔子,众贤取代了一圣,是百花齐放、思想解放的时代。

玄学的出现在事实上宣示了儒教作为一种“国教”的失败与破产。比如,王莽是儒教的忠实实践者,也是儒教第一个最大的牺牲品,他被称为“中国第一个社会主义者”。他的失败应该是儒学、儒

教的失败,可惜这个教训没有被后来的统治者们接受,致使中国在思想意识上继续被儒教统治着不能自拔。

玄学的出现是魏晋南北朝时期出现的思想解放运动。儒学在政治上的无能,如王莽时期学术上的腐败,人们的思想自然转向老子、庄子的哲学思想,并影响到社会中的方方面面。比如,王羲之的书法、顾恺之的画;曹植、阮籍、陶潜、谢灵运、谢朓等人的诗歌;云冈石窟、龙门石窟的造像等等。

魏晋玄学崇尚"三玄":老子、庄子和周易,这"三玄"令那个时代的朝野士大夫倾倒、醉心、发狂。《世说新语》就是一个代表,它可以解释魏晋时代玄学的特点。

从孔子的人格善与美转到了人物的风骨、风采、风韵。人们不再重视社会上的政治实用功能,而是转向艺术、审美的功能。

书法从实用性转向自由发挥;从"比德"转向自然山水上,因为自然本身是美的,用自然美去形容人的风采、风格等,如曹植的《洛神赋》。魏晋玄学的经学家王弼把庄子的"得意而忘言",发展为"得意忘象"。

魏晋时期著名的思想家、音乐家、文学家嵇康的"声无哀乐",是

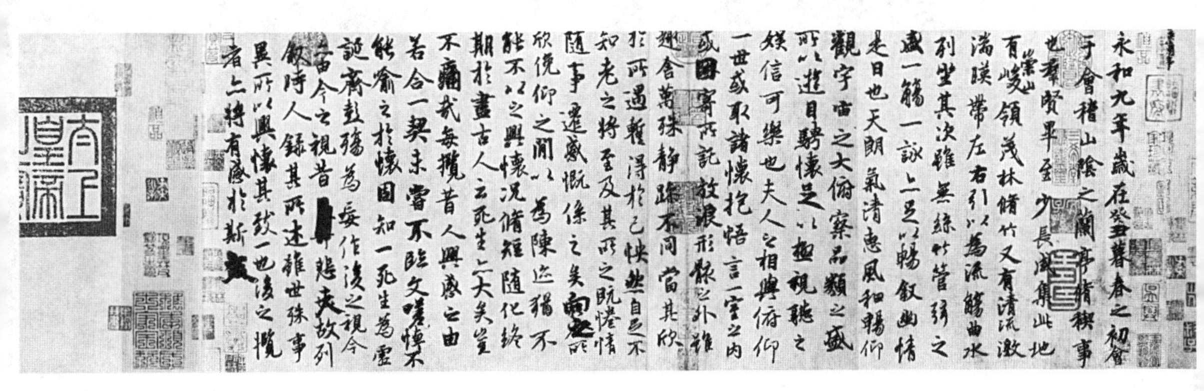

想说明音乐本质是形式美，而不是情感内容，这个提法显得相当消极。

东晋画家、绘画理论家、诗人顾恺之，他作画意在传神，他的“传神写照”是要画家“以形写神”。“传神写照”是指在构思阶段，要超越现实对象外在的形体束缚，去把握现实对象内在的精神气韵。“以形写神”是指在审美创造阶段，要重视艺术形象之形的刻画，更好地表现艺术形象之神。这两个命题体现了从审美构思活动到审美创造活动的转化关系，是顾恺之在人物绘画的不同阶段对“形”、

“神”的审美把握和审美追求。

南齐时代的画家谢赫著有《古画品录》。也可以说他是最早的绘画理论家。他提出的绘画“六法”是:一、气韵生动,二、骨法用笔,三、应物象形,四、随类赋彩,五、经营位置,六、传移模写。他的绘画六法成为中国古代美术品评作品的标准和重要美学原则。

魏晋南北朝时期的美学绘画思想非常富有哲理的意韵,受到“三玄”思想的极大影响。如南宋画家王微著有《叙画》一篇,是有关

早期山水画的重要文献。他所说“以一管之笔，拟太虚之体”和王羲之《兰亭序》中名句“仰观宇宙之大，俯察品类之盛”，说出了笔墨能显现出“十方世界”，亲证天地真实的感悟。

基本上可以讲，西方美学强调了“再现”、“模拟”、“逼真”，而中国美学思想强调了“表现”、“抒发”、“写意”、“意境”；粗略地归纳是：一个写意派，一个再现派。这样归纳两派是不是科学的，显然有待商榷。因为他们共同的缺憾是没有区分开三种不同形态的

美，自然美、艺术美、设计美，三种不同的美要用不同的形式去表达。

南北朝时期的文学理论家刘勰，他的《文心雕龙》奠定了他在中国文学史上的重要地位。他提出的“隐秀”即“情在词外”与“义生文外”的一种“多义性”同时也是“隐处即秀处”的统一性。

刘勰的“风骨”主张文质并重，是一种艺术风格的概括，对艺术美的一种要求。

刘勰的“神思”强调了情与景的相互影响和相互转化。从先秦的“观物取象”到魏晋的“千想妙得”，再到“神思”是一个很大的进步。

刘勰的“知音”意味着知音难逢。原因是“贵古贱今”、“崇己抑人”、“信伪迷真”，他认为艺术的本质是“意象”，这个提法有很大的积极作用。

## 三、唐五代时期的美学思想

在唐朝之前中国绘画都是着色的。唐代诗人王维是中国第一位水墨画家,他是以水墨山水代替青绿着色。王维受到道家和禅宗哲学的影响,他认为:“道”(“玄”)是最朴素的,它蕴含着自然界的五色,产生着自然界的五色;水墨的颜色最接近“道”,最接近造化自然的本质。这一观点对后代的绘画有极大的影响。

五代画家荆浩在他撰写的山水画理论著作《笔法记》中提出了“绘画六要”:一曰气、二曰韵、三曰思、四曰景、五曰笔、六曰墨。他认为水墨的颜色最符合自然的颜色;山水画的意象,达到了“真”的要求。所以中国美学思想的真,并不是西方美学的真,而是表示造化自然本体的生命力——气和道。这当然是一种自欺欺人的说法,也说明中国的“两点论”渊源极深,影响十分久远。

唐朝诗人白居易认为,诗歌能起到“泄导人情”、“补察时政”的作用,他的代表作《新乐府》、《琵琶行》等,反映了人民的疾苦和统治阶级的黑暗,他的诗因此在社会间广泛流行普及并大名远播。

唐代文学家殷璠的《河岳英灵集》首次提出了“兴象”一词。它要求诗歌达到自然绝妙的境界。

唐代著名诗人王昌龄,他作诗善于捕捉典型的情景,有着高度的概括和丰富的想象力。他在《诗格》中把诗的境界分为三种:物境、情境和意境。写山水之形为物境,寄景生情为情境,托物言志为意境。

晚唐诗人司空图的《二十四诗品》反映了老子的哲学思想,宇宙的本体是道,表现了“意境”的美学思想本质。比如,苏东坡讲的“成竹在胸”、“身与竹化”,“虚故纳万境”,这里的虚即是“道”,即是老子所说“无”,也就是中国画上的布白。宋代画家很重视“意境”的创造,苏轼曾讲:王维的画有“意境”,因此他的画高于吴道子的画。

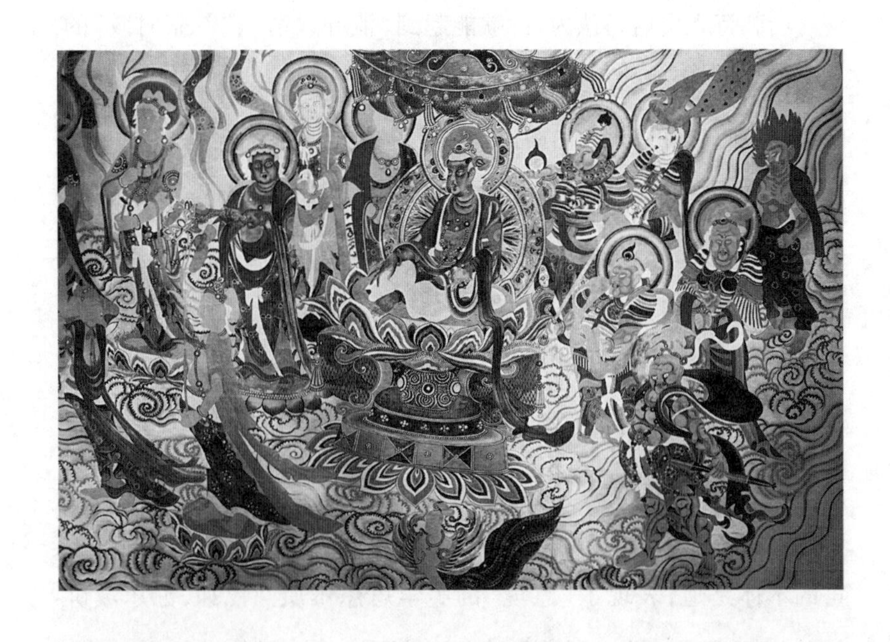

## 四、宋元诗歌的美学思想

这一时期对“情与景”比较关注,认为唯有情与景的融合才能构成美感,即“情在景中,景在情中”。苏轼提出了“诗中有画,画中有诗”二者互相融合。他还提出“高风绝尘”的精神境界,要求美感景象“简古”、“澹泊”、“平淡”。这样可以产生“余意”、“真味”、“至味”、“深远无穷之味”,最合乎他的标准是陶潜。

## 五、明代的美学思想

元末明初的画家、诗人王履根据自己的绘画体会提出:“吾师心,心师目,目师华山”,否定了之前画家师古人、师心、师造化的理念主义。王履提出的“意”与“形”的关系,是宋元时代“情与景”的关系,他要求绘画回到“意与象”,并与“情与景”统一起来。

苏轼强调:“画贵神,诗贵韵。”

鲁迅则认为:“中国绘画从宋以来就盛行写意,两点是眼,不知是长是圆;一画是鸟,不知是鹰是燕,竞尚高简,变成空虚。这种高谈神韵与写意,借以掩盖自己的懒惰与空虚。”

明代思想家、文学家李贽反对程朱理学“存天理,灭人欲”的说

教,反对以孔子的是非论是非,反对人人效仿孔子。他认为“夫天生一人,自有一人之用”,在美学上的“童心说”就是“真心”或“赤子之心”。他认为一个人学了“六经”童心就丧失了,人就成了“假人”、言就成了“假言”、事就成了“假事”、文就成了“假文”。李贽要求文学要表现“童心”,他说“《水浒传》是发愤之作”,“夫童心者,绝假纯真,最初一念之本心也”。他认为只有用“童心”才能表述人性的本然状态。他的观点对明清小说、诗歌的发展注入了活力。

明代戏曲家、文学家汤显祖的“唯情说”,追求“有情之人(真人),有情之天下(春天)”,“为情作使,劬于伎剧”,以人物的感情去感染观众。

李贽的“童心”思想及汤显祖的“唯情说”,都是对儒家传统的冲击。李贽认为文学应该是“蓄极积久,势不可遏”,“发狂大叫,流涕痛哭”,触目兴叹,不能自止。

到了明末,儒家的“中和”思想受到极大的冲击,把司马迁的“发愤著书”、韩愈的“不平则鸣”,书写到了自己的旗帜上。

明朝时期，出现了“四大奇书”：《三国演义》、《水浒传》、《西游记》和《金瓶梅》。大众文化勃兴、传统儒家经典遭到怀疑和冷落。李贽的思想理论是明清小说的真正灵魂，也是小传统的鼎盛时期。

明朝小说、剧作家叶昼提出“逼真、肖物、传神”是小说的基本要求。

明清时期的思想家王夫之的情景说，“景中生情，情中含景，故曰景者情之景，情者景之情也”，是以意象为中心的一种美学思想。

明清的园林是一种创造，也是一种欣赏。典型地代表了中国文学艺术的意境之论、表现之说。无论是借景、对景、隔景、分景，都是通过布置空间、组织空间来创造艺术意境。还有其中的月影、花影、水影、云影、水声、鸟声及亭、台、楼、阁等等，都是为了一个美妙意境而存在的。它称得上是“凝固的诗，立体的画”。

## 六、清朝的美学思想

清初诗人叶燮的理性美学观认为，“气”是万物的本体，“气”的

运动就有了“理、事、情”的流动,这就是美。客观的“理、事、情”是统一的,他认为艺术家的美感创造力,由才、胆、识、力四要素构成,把文学艺术宇宙观统一起来。他认为世界万事万物都可以用“理、事、情”来分析,也是美感与艺术的本原,美的本质是气的运动,气是客观的,美也是客观的。

叶燮自称“不合时宜人”、“怪物之首”,他批判了当时的“名者”、“利者”、“势者”。他轻视“考订证据之学”,这种人把烦琐的考据说成是最高级的学问。

叶燮提出,“幽渺以为理,想象以为事,惝恍以为情”,“理至、事至、情至”。他提倡艺术意象和艺术风格的多样化,才能保持艺术的生命力,使之“日新而不病”。

清朝初期的画家石涛是绘画实践的探索者、革新者,又是艺术理论家。他说:“我之为我,自有我在”,“搜尽奇峰打草稿”。他的“一画论”,乃出于老子的“道生一,一生二,二生三,三生万物”的“道”的本体论。由“道”到“一”就是从无形到有形,“一”是道的开始,因此有“一画”是众有之本,万象之根。

夫一画,含万物之中,一画落下,混沌展开,形象就产生了。应该讲,先有总体设计和布局,才能有“一画”,“一画”下去,布局逐步展开。因此他认为,绘画是一种美感创造。

概括而言,中国在先秦以后,从哲学上系统研究美学很少,而结合艺术的实践论述艺术美的倒不少,形成了中国古代美学思想的特点。主要表现在以下几个方面:

## (一)美的意境

中国古代艺术家追求的是美的意境,即心与物、情与景的统一,主体的情感与自然的客体景物融合。他们没有注意到心与物之间还有一个中介体——实践。所以应该是审美主体的情意(直觉)——实践的笔意(知感)——艺术成品的诗书琴画(意、情感)等,这三者的融合、统一与和谐,正是艺术系统美学或设计美学构成的三要素,即客体——实践——客体的三要素。而不是主体与客体的两要素,也可以讲是直感、知感、情感的三要素。

比如,郑板桥在《题画》中,把画竹的过程分为"三要素":第一要素是"眼中之竹",即现实中竹子的表象、形象与画像的思想感情融合产生的"印象"或"直感"。第二要素是"胸中之竹",就是把"印象"变成"意象",变成艺术家头脑中的艺术形象,即"意象"或"知感"。第三要素是"手中之竹",就是艺术家把"胸中之竹"变成艺术的形象的"手中之竹"。由此可见,绘画三要素即表象→意象→艺术的形象、情感。构成了艺术的三要素也就是:审美主体——实践——作品。具体地讲,印象即直感,再到意象(知感),最后到艺术形象(情感),其中还包括灵感,这就是创造艺术美的三要素。

同时,由于郑板桥重视艺术的创造性与风格的多样化,主张继承传统"不泥古法",他讲:未画之先,不立一格;既画之后,不留一格。意思是画之前没有框框,画之后不留遗憾,不留规格。

此外,郑板桥画竹还自有一套:"江馆清秋,晨起看竹、烟光、日影、雾气,皆浮动于疏枝密叶之间。胸中勃勃,遂有画意。其实,胸中之竹,并不是眼中之竹也。因而磨墨、展纸、落笔、倏作变相,手中之竹,又不是胸中之竹也。总之,意在笔先者,定则也。趣在法外者,化机也。独画云乎哉!”郑板桥的“三竹论”是根植于细致深入的观察之中,是一个创造艺术美的认识论,是一个客观艺术美规律的写照。

郑板桥认为,具体画竹的方法应该是:画大幅竹,人以为难,吾以为易。每日只画一竿,须五七日画五七竿,皆离立完好。然后以淡竹、小竹、碎竹经纬其间。或疏或密,或浓或淡,或长或短,或肥或瘦,随意缓急,便构成大局矣。这意思是说,画竹是从难与大着手,那些小竹、淡竹、碎竹就很容易对付了。

在另一处他谈道:“总是先立其大,则其小者易易耳。一丘一壑之经营,小草小花之渲染,亦有难处;大起造大挥写亦有易处,要在人之意境何如耳。”“始余画竹,能少而不能多;既而能多矣,又不能少;此层功夫,最为难也。进六十外,始知减枝减叶之法。”意思是讲,画竹要恰到好处,既不能多也不能少。

“千笔淡墨,画出细竹。”“画竹意在笔先,用墨干淡并兼。”

“画竹势如破竹,破竹数节之后,皆迎刃而解,无复着手处,数笔之后,皆信手而挥,无复着想处。”

郑板桥画石讲:“曰瘦、曰绉、曰漏、曰透,可谓尽石之妙矣。”这就是老庄的哲学:奇与特。

郑板桥不仅画竹、画石有方,写字也有奇处。古人称汉代隶书为“汉八分”,郑板桥的书法,用隶书掺入行楷、草书,又融入画兰、画竹叶的笔法,自称为“六分半书”的独特书法风格,字体气势恢宏、笔墨随心。综合他人所长,发挥自己一格,人称“板桥体”,也称“乱石铺街体”,是诗与画的完美结合。再加上其书画真挚风趣,为百姓所喜爱,不愧为“扬州八怪”中的代表人物。

正如郑板桥所讲:四时不谢之兰,百节长青之竹,万古不败之石,千秋不变之人,都是高尚人格的象征。他的作品大都删繁就简、清瘦挺劲、浓淡疏密有致,思想奇、文章书画亦奇。

再比如,抗日战争期间徐悲鸿大师画的“奔马”,表现了粗犷、游荡、有力,充分体现了他本人爱国、忧心、担心沦亡和坚决抗战的信念。

这幅画中,画师(设计者)是情意在笔先、情意在笔中、情意在画中的三者结合,也就是审美主体与实践和作品的三要素结合,十分巧

妙地表达了作者(设计者)的心态,成为抗日战争期间及后来的最佳作品之一。

又如,齐白石画的“虾”,是审美主体(艺术家)——实践——画(成品)三要素高度的融合,妙在“似与不似之间”。可以说齐白石的大部分画作,都到了如此的境界。齐白石讲:艺术的奥妙,就在于似与不似之间,太似为媚俗,不似为欺世。当然这只能适宜于中国绘画。

还如,敦煌壁画中的“飞天”,是在北魏期间,汉胡互化过程中出现的一个奇葩,它不靠翅膀羽毛,只靠飘逸的衣裙与飘带凌空翱翔,给人以绝美的想象,这是中原文化难以想象到的。这是文化交流的佳作,这种想象已超过一般的艺术规律,它是一种灵感的迸发。

## (二)结构与功能的统一之美

结构与功能都是由多层次、多方位构成的。在晋代有“以形写神”之说,是指艺术家在反映客观现实时,不仅应追求外在形象的功能逼真,还应追求内在的精神本质的酷似,即元素的优化、美化,以达到“传神”、写神的效果。如刘勰的“为情而造文”,反对“为文而造情”。唐代画家张彦远的“意存笔先,画尽意在”,都强调内容结构功能的重要作用;同时也要求好的形式与功能,以及造型艺术中的“形神兼备”、“以形写神”的重要标准。而实际上是要求结构(多要素)与功能(多方位)的高度融合,要求三要素的高度结合,即审美主体、实践、作品高度融合。

结构即画的布局,动势、笔法、色调、层次等。功能即视觉语言系统的功效,两者的高度融合应是绘画的最美。

比如,八大山人的《荷花屏》,它的结构是荷塘、荷叶田田、荷茎自由灵动,具有动态感。画面空灵,无处不在的活泼,使人感到风韵清新,有荡尽人间烟尘之势。

比如,郑板桥的《柱石图》,以自然之物入画,柱石清瘦挺拔,顶天立地,宛如一曲正气之歌。以柱石比喻陶渊明,赋予柱石人格化的内涵,是结构与功能(即视觉语言系统)的一致,达到了美的功效。

但总的来说,中国绘画表现手法过于单一、平淡,这一根本缺憾难以克服。

## (三)艺术整体优化上研究美

如“诗品”、“画品”、“书品”,在“诗品”上“不着一字,尽得风流”等。

比如,清朝初期画家石涛的作品《山水》、《桃源图》,都有此风格。清代画家、书法家高风翰的作品《牡丹》、《山水》等,这就是中国艺术的特色。实际上,这个思想正如恩格斯所概括的:典型环境中的典型人物。这深刻说明了什么是整体优化上研究美、表现美、创造美。

比如 2016 年杭州 G20 会议开幕式的歌舞表演,导演张艺谋讲,只是为了创造一个意境,当然是整体的意境,整体优化的意境。

可以说中国是一个艺术王国,尤其是诗歌。在长期文艺领域的实践上,形成了自己的美学思想。但明显区别于西方的美学思想与实践。用法国艺术哲学家丹纳的话讲,艺术取决于环境、风俗、习惯、时代精神,取决于不同的种族。

中国自然不同于古希腊、古罗马,也没有中世纪的环境,更不等同于贵族君主时代与西方民主时代。各有各的种族、环境、风俗与思想文化,因此东西方艺术区别十分巨大。

## (四)中国艺术以简为灵魂

中国文化中的艺术、诗歌、小说等,尤其是绘画、诗歌中以简洁为灵魂的特征,表现十分突出。

表现在书法中的草书和插花最具有代表性。比如明代艺术家徐渭。尤其是明末清初的画家、书法家八大山人,他的画作最典型地体现了这一点。我们看看他的作品:

八大山人的鱼、鸭、鸟等,形象倔强冷艳、神采怪异,眼珠向上,白眼盯着世人,展现出白眼看世界的神情。笔简意赅、形神兼备、浑然天成、笔墨极简、寓意极深。

八大山人的画作《荷花》,画上只有一枝细细的菡萏,像一柄斧头,傲然挺立,顶破画面、直指天空、言简意赅。

八大山人的画作《眠鸭图轴》,笔墨洗练,画中只有一只眠鸭,藏脖闭目,缩成一团。画面四周空无,大片空白,使人联想到无际水面,满目是空旷孤寂的情调。

八大山人的画作《孤鸟》,画面左下侧斜出一枯枝,一只小鸟单只细细的小爪,立于枯枝的最末梢之处。似展还收的翼,玲珑清晰的眼,观察着世事。画面简易至极,空空如也,孤独无依。

八大山人的画作《荷花水鸟》,画面怪石倒立,一只缩身耸背的水鸟孤寂地立于怪石之上。一枝枯荷倒挂在水鸟的头上方,水鸟好像随时准备仓皇逃窜。这幅画作,用墨简练,透出孤傲冷漠、悲凉伤感的气氛。给人以沉重、压抑、冷落寂寥的心境。

八大山人的画作《鸡雏》,整个画面中,只有一只小鸡雏。小鸡置于画面中偏下,小鸡头部朝左,它那毛茸茸前倾的身姿和胆怯的神情,好像刚从蛋壳里出来不久,面对陌生的世界,毛色未干,腿不直立,探头探脑,就像还未学会走路的小孩正迈着蹒跚的小步,小心翼翼地试探着向前走。此画用极简的笔墨,给人以无限的想象空间。

八大山人的画作笔墨简洁,酣畅淋漓,画面常常看到的是大面积的空白,但使人感到韵味十足。画作《鱼》也是如此,墨简意长,寥寥几笔,就把鲇鱼的特征、气韵充分表达出来了,此作品最能代表八大山人的艺术神态、艺术精神,也是中国艺术美的代表作。

以简法为核心、以少胜多,这是中国艺术精神、艺术美思想精准的显现。

八大山人画鱼不画水,齐白石画虾不画水,水在画面上留下的空白,使欣赏者仍然感觉到鱼虾在水中游。艺术家尽管笔墨少,但意趣无穷,这才是艺术的最高境界。

齐白石继承了八大山人的艺术精神,以简为灵魂,他创作出许多优秀的传世之作,他作品中的花、鸟、虫、鱼,同样以简法为美,这是中国艺术美的精髓,体现了最小作用量原理的功能,即节能、省时的张力,甚至简洁到了以黑白为主的绘画,这也是老子思想的精髓。但是简法到了极端,会产生相反的效果,这也是一种规律。

这种简洁的原则与方法适合于漫画、动漫、各种绘画与工程设计等等。而艺术作为一个民族美的特征,中国的书法以简为灵魂是最具有中国特色了。书法演变成为自由和多样性的曲线运动和空间结构,展现出种种神态、情感与力量,形成了中国方块字的独特书写艺术。所谓作者的感情、心态、理念等等,准确地讲,是这种复杂心态的各种线条运动的表演,是一种特有的、无颜色线条世界与境界的存在。

它表现在日常生活美当中,中国人喜欢素色的、暗的、灰的,老年人更是如此;而西方人正好相反,西方老年人更喜欢艳色。

西方是一个明亮多彩的世界。似乎想再现自然美、形体美的颜色、光彩、动态的世界。相比之下,中国是一个平淡的黑白世界。

在希腊神话中,已经有了"爱神"与"美神"(阿芙罗蒂德),著名的特洛伊战争就是为了爱与美的战争,从中也可以看出中西美学的巨大差异。

## (五)中国画的缺憾

元朝饶自然在《绘宗十二忌》中指出:"布置迫塞;远近不分,山无气脉,水无源流,境无夷险,路无出入,石止一面,树少四枝,人物伛偻,楼阁错杂,滃淡失宜,点染无法。"最重要的是远近不分、人物伛偻、点染无法等。

“人物伛偻”简直令人无法理解，难道中国古人的腰真的直不起来吗？

南宋画家梁楷在作品《李白行吟图》中，就勾画出一个昂首、洒脱、放达的诗仙形象。此画用笔简练豪放，仅寥寥数笔，就把诗人边吟边行的姿态刻画得生动传神。

这是一个例外：仰头直胸的中国人。

中国画以水墨画为主，只有黑白灰的变化，它是中国画的主导形态。绘画中不仅把墨当成两色，而且要把它想象成是无限的空间、颜色与层次，这是思想上的局限到了无法理解的程度。这其实是不得已而为之，而不是可为之而不为之也。

绘画在宋朝后有所进步。但由于受到当时经济技术不发达和时代思想的局限，缺少像 15 世纪油画的发明者——意大利的杨·凡·爱克这样的人物。在绘画上只求简法，无法从根本上克服远近、明暗、颜色、质感、形态、布局等问题，这些不足，一直是影响绘画及其他文学艺术的进步，成为中国文化艺术不可逾越的障碍。

此外,中国论画不看画,只偏爱博古、考古。注意力放在画的考证方面,什么生平事迹、诗文、题跋、真伪、收藏上,这是中国人审美的特点,也是清朝诗人叶燮反对过的所谓“考订证据之学”。

还有,在美学理论及绘画视觉语言系统方面,自南北朝以来提出“气韵”、“神气”、“灵性”、“意境”等主题后,“气韵生动”、“意境高妙”、“笔墨精微”等在艺术理论及画界树立了至高无上的权威。画中的结构、布局、动势、笔法、色调均没有得到重视。这大概是因为中国人缺乏敏感,存在惰性所致,正像鲁迅讲的:这种高谈神韵与写意,借以掩盖自己的懒惰与空虚。

从古代到近代的中国画与西方画,完全走向了相反的两条道路。如宋代以后,主流的文人画反对绘画的感官吸引力。陈独秀曾主张:若把中国画改良,首先要革“四王”的命(即王时敏、王鉴、王翚、王原祁),采用洋画的写实精神。

东西方艺术美文化发展中,真正体现了相似相成与差异协同和谐统一的过程。西方古代的“逼真”、“再现”与中国传统的“意念”、“写意”、“表现”,只是两种艺术美在文化上的差异,到了近代已逐渐向“标新立异”、“突出个性”的方向融合,但差异性仍然相当大。

### (六)在美学哲学思想上单一、保守

从两千多年前的老子哲学美学提出了“道”、“气”、“象”、“有”、“无”、“虚”等,到现在仍是中国美学哲学的核心,并没有实质性的

变化。

"道"是有与无、阴与阳的统一。庄子讲,"道"是最高绝对的美。

唐代诗人王维认为,"道"是最朴素并蕴含着自然界的五色,也产生着自然界的五色。他认为墨的颜色最接近"道",最接近造化自然的本质,这是王维向前的发展。

五代画家荆浩在《笔法记》中,他认为水墨的颜色最符合自然的颜色,山水画的意象达到了"真"的要求,表示造化自然本体的生命力——"气"和"道",这个提法没有什么新意。

唐代诗人王昌龄在他的《诗格》中把诗的境界分为三种:物境、情境和意境。写山水之形为物境,写景生情为情境,托物言志为意境,这是意境学说的三分法,但没有讲到美的本质。

晚唐诗人司空图把"道"变成了"意境",这可以讲美学思想已经达到了一定不可思议的程度。其在《二十四诗品》中认为,宇宙的本质是"道",意境表现了美学的思想本质。

明代思想家李贽认为,只有"童心"才能表述人性的本然状态,这接近于西方的写实思想。

清朝诗人叶燮认为,万物可以用"理"、"事"、"情"来分析,它也是美的本原。

清朝画家石涛认为,由"道"到"一"就是从无形到有形,"一"是"道"的开始,"一画"是众有之本,万象之根。夫一画,含万物之中,一画落下,混沌展开,形象就产生了,这是老庄思想的另一种表达。

最后,老子的"道"经过千百年的演变,成了石涛的"一画论"。这个演变过程说明了,中国哲学美学思想的单一、保守的性质与趋势。中国美学思想的范畴也限于阴阳论的两极结构,再用它去描述复杂性的美学系统，那就十分困难了。比如，心与物、形与神、情与境、妙与悟、虚与实、神与韵、静与动、神与气、浓与淡、熟与补、和与同、情与理、雅与俗、形似与神似、风骨与意象、形神兼备、情景交融等等，都是两极结构的范畴。

更重要的是由于缺乏与西方美学思想的交流，中国艺术及思想向前发展就十分艰难，但是也不能把思想单一的责任都推给老庄体系。

我们知道公元前136年，董仲舒的“天人三策”中，提出“大一统”的儒学来保证政治的“大一统”，实行“罢黜百家，独尊儒术”的主张，被汉武帝认同并采纳。从此“孔庙”由家庙逐步上升为“国庙”，“大一统”儒教的思想在中国纵横了两千多年。因此，归根结底还是从汉武帝开始的儒学制度化和社会制度儒家化，使儒学走上了宗教化、国家化的道路，而造成思想单一的后果，这是最根本的原因。

# 第三章　美学的方法论

美学的方法论就是“系统哲学”的思想理论及方法，就是系统科学高度抽象后的科学哲学的理论体系。

1968 年美国博恩汉提出：系统方法将成为当前情况、技术条件下的主要研究方法。

系统理论是继相对论和量子力学后，又一次改变了世界科学图景与当代科学家的思维方式。它必然会深刻地影响到自然科学及一切人文科学的领域。

## 一、马列主义者的科学论述

马克思指出："具体之所以具体，因为它是许多规定的综合，因而是多样性的统一。"①例如，任何社会的再生产过程，都是由生产、交换、分配、消费四个环节有机组成的统一体，社会再生产要正常进行，这四个环节就需要协调发展。不存在哪个是重要的，哪个是不重要的问题。他进一步讲道："各个单个资本的循环是互相交错的，是互为前提、互为条件的，而且正是在这种交错中形成社会总资本的运动。"②

恩格斯指出："我们所面对着的整个自然界形成一个体系，即各种物体相互联系的总体……这些物体是互相联系的，这就是说，它们是相互作用着的，并且正是这种相互作用构成了运动。"③

"如果有人以一般的表达方式向他们说，一和多是不能分离的、相互渗透的两个概念，而且多包含于一中，正如同一包含于多中一样，……什么样的多样性和多都包括在这个初看起来如此简单的单

① 《马克思恩格斯文集》第8卷，人民出版社2009年版，第25页。
② 《马克思恩格斯文集》第6卷，人民出版社2009年版，第392页。
③ 《马克思恩格斯文集》第9卷，人民出版社2009年版，第514页。

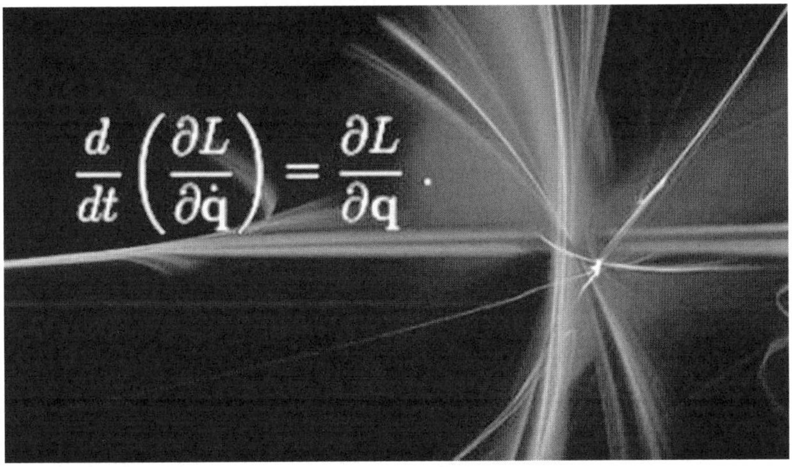

$$\frac{d}{dt}\left(\frac{\partial L}{\partial \dot{q}}\right)=\frac{\partial L}{\partial q}.$$

位概念中。”①

这里，恩格斯明确地提出了一分为多、合多为一的思想。

针对简单的两极对立的思维方式，恩格斯指出：“所有这些先生们所缺少的东西就是辩证法。他们总是只在这里看到原因，在那里看到结果。他们从来看不到：这是一种空洞的抽象，这种形而上学的两极对立在现实世界只存在于危机中，而整个伟大的发展过程是在相互作用的形式中进行的（虽然相互作用的力量很不相等：其中经济运动是最强有力的、最原始的、最有决定性的），这里没有什么绝对的，一切都是相对的。”②

列宁指出：“每种现象的一切方面（而且历史在不断地揭示出新的方面）相互依存，极其密切而不可分割地联系在一起，这种联系形成统一的、有规律的世界运动过程，——这就是辩证法这一内容更丰

① 恩格斯：《自然辩证法》，人民出版社1984年版，第166—167页。
② 《马克思恩格斯文集》第10卷，人民出版社2009年版，第599页。

富的(与通常的相比)发展学说的若干特征。"①

"辩证法要求从相互关系的具体发展中来全面地估计这种关系,而不是东抽一点,西抽一点。"②

"在(客观的)辩证法中,相对和绝对的差别也是相对的。"③

毛泽东指出:必须学好"弹钢琴",要十个指头都动作,不能有的动,有的不动。"……不能只注意一部分问题而把别的丢掉。凡是有问题的地方都要点一下,这个方法我们一定要学会。"毛泽东还指出:"世界上的事情是复杂的,是由各方面的因素决定的。看问题要从各方面去看。"④

毛泽东讲,抓全面经济工作,应该像一盘棋一样考虑,全国一盘棋。毛泽东在"工作方法六十一条"中提出抓两头带中间的方法。

邓小平讲:"学会当乐队指挥"。还创造性地提出了"一国两制"。

根据马克思主义经典著作的论述,我们可以而且应当得出三点结论:

1. 无条件的绝对性是不存在的。过去我们所说的"斗争是绝对的"、"运动是绝对的"、"非平衡是绝对的"等等,是不符合马列原意的。所谓"绝对",只是在一定条件下、一定意义上讲的。

2. 把事物仅仅看成是"一分为二"的,是两个方面的对立和统一,也是不够的。事物是由"多"构成的系统整体,通俗地表示即一

---

① 《列宁全集》第26卷,人民出版社1988年版,第57页。
② 《列宁全集》第40卷,人民出版社1986年版,第288页。
③ 《列宁选集》第2卷,人民出版社1995年版,第557页。
④ 《毛泽东选集》第四卷,人民出版社1991年版,第1442、1157页。

分为多,合多为一。正是这种思想大大发展和丰富了一分为二的观点。用矛盾的观点看问题和用系统的观点看问题,结果是很不一样的,虽然矛盾观也讲联系。

3. 我们过去只研究马列主义的"二点论"、"矛盾论",而忽视了马列主义的整体思想。其实,马列主义有极其丰富的、深邃的系统理论。①

## 二、系统科学的思想是未来的理论思维

系统思想反映了现代科学发展的趋势,反映了现代社会化大生产的特点,也反映了现代社会生活的复杂性,所以系统理论和方法能够得到广泛的应用。

系统思维方式不仅为现代科学的发展提供了理论和方法,也为解决现代社会中的政治、经济、军事、科学、文化等等方面的各种复杂问题提供了方法论的基础,系统观念正渗透到每个领域。

由中国科学院、新华通讯社联合组织的预测小组预测出"21 世纪将对人类产生重大影响的十大科技趋势",其中第三个就是地球系统科学将以全球性、统一性的整体观、系统观和多时空尺度,研究地球系统的整体行为。

地球系统科学的突破性发展,将使人类更好地认识所赖以生存

① 参见乌杰主编:《马克思主义的系统思想》,人民出版社 1991 年版。

的环境,更有效地防止和控制可能突发的灾变对人类造成的损害。到20世纪80年代,基础理论层次的系统研究也转向主要研究复杂性问题。

欧洲学者,特别是普里高津提出“探索复杂性”这一响亮的口号,把复杂性研究视为超越传统科学的新型科学,产生了广泛的影响。

普里高津和哈肯等人满怀信心地要把各自的理论和方法推广应用于生物、经济、社会等复杂现象领域,着手建立复杂性科学,形成世界复杂性研究的重要学派。

1996年颁布的《美国国家科学教育标准》中写道:“从幼稚园到12年级的教育活动,所有学生都应该培养与下述概念和过程相关的理解力和能力:系统、秩序和组织;证据、模型和解释;不变性、变化和测量;演变和平衡;形式和功能。”接着该《标准》解释道:“自然界和人工界是复杂的,它们过于庞大,过于复杂,不可能一下子研究和领会。为了便于调查研究,科学家和学生要学会定义一些小的部分进行研究。研究的单位称作‘系统’。系统是相关物体或构成整体的各个部分的有组织的集合。例如生物体、机器、基本粒子、星系、概念、数、运输和教育等都可以构成系统。”由此可见,系统及系统科学已经成为当代最具有综合性的、最有价值的、最重要的基础概念和科学。

在世界范围兴起的复杂性研究热潮中,最引人注目的是1984年成立的美国圣塔菲研究所(SFI)。他们的雄心是面向生命、经济、组织管理、全球危机处理、军备竞赛、可持续发展等当今世界的所有重大问题,开展空前规模的跨学科研究,建立关于复杂系统的一元化理论，实质也就是系统科学。

## 三、恩格斯“满意的体系”

恩格斯在《路德维希·费尔巴哈和德国古典哲学的终结》（写于1886年，1888年出版单行本）中说：“随着自然科学领域中的每一个划时代的发现，唯物主义也必然要改变自己的形式。”然后在此文中，他继续论述说：“由于这三大发明和自然科学的其他巨大进步，我们现在不仅能够证明自然界中各个领域内的过程之间的联系”……而且可以“以近乎系统的形式描绘出一幅自然界联系的清晰图画”。①

这段论述有四个问题是需要研究的：一是什么是“划时代的发现”；二是1886年以后有没有划时代的发现；三是什么是唯物主义必然要改变的形式；四是什么是令人满意的自然体系。

第一，1886年以前的“划时代的发现”。

（1）1543年哥白尼的“天体论”，提出“太阳中心论”，推翻了约1400多年以来亚里士多德、托勒密的“地心论”，史称哥白尼革命。因为“地心论”是符合《圣经》的，地球是上帝创造的，梵蒂冈是全球中心。

1616年“天体论”被教会正式禁止达两百多年，因为当时哥白尼

① 《马克思恩格斯文集》第4卷，人民出版社2009年版，第300—301页。

的学说已被人所接受，布鲁诺为捍卫哥白尼的学说，被关了7年，最后被烧死在火刑柱上。

伽利略于1632年出版了《关于托勒密与哥白尼两大世界体系对话》，用数学及科学实验方法证实了哥白尼的学说。1633年教皇宣判他终身监禁，343年后的1979年才被平反。

（2）1687年，牛顿在《自然哲学之数学原理》一书中，提出了绝对的时间、空间、运动、静止，也提出了宇宙的无限、多中心。

第二，1886年后的"划时代的发现"。

1900年普朗克提出"量子论"；

1912年波尔的互补原理；

1927年海森堡的测不准原理，这样形成了量子理论；

1905—1915年，爱因斯坦的相对论；

1922年，苏联人弗里德曼用数学计算提出宇宙的膨胀及收缩模型；

1929年，哈勃证实宇宙在膨胀；

1948年，苏联人伽莫夫提出热爆炸模型；

1951年，教皇宣布大爆炸理论是对的。

还有，基因理论、DNA双螺旋模型、夸克模型、元素周期律、大陆漂移学及板块学说、宇宙大爆炸理论、系统论、控制论和信息论等等，这些都可以认为是"划时代的发现"。

从1873—1886年恩格斯写这篇文章以来，世界上至少有十多种"划时代的发现"。因此，唯物主义也就必然要改变自己的形式。

第三，认知的启迪与"要改变的形式"。

1886年，恩格斯写了《自然辩证法》，它是草稿；1925年被苏联人整理后公开发表，不久，苏联根据1888年出版的《自然辩证法》，编写哲学材料。

中国人在20世纪50年代将其引入大学，从此哲学体系再没有发生什么变化。

但是自1886年以来，从这些“划时代的发现”里我们可以领悟到：

（1）相对论及量子理论等，否定了牛顿的绝对时空观，揭示了时间、空间、物质、运动统一性和相对性。耗散结构理论否定了相对论与量子力学中的时间可逆性。从概念描述打破了过去与未来的对称性，也解决了“克劳修斯的‘热寂论’”与“达尔文进化论”的矛盾，描述了一个活的生成演化的世界。分形理论认为由分形元生成演化为整体，是一个自相似的浓缩的重演过程。这样就提出一个重要的方法论原则。《易经》中讲相反相成，实际上是相似生成。

（2）对时间的认知：在飞机上绕地球一圈，多活一秒；四维性时空与时空11维性。但是人脑还没有进化到如此境界；我们只能看到是三维空间的二维（如电影）。并且我们看到宇宙只是它过去时的8分钟。

（3）时间的快与慢和权力、财富集中快与慢的关系。时间是权力、是财富。秩序是财富也是权力。

（4）时间的形态：量子化（时、空、物不可分）及方向性。

（5）人类物的钟表时间与物质系统进化时间的区别：可逆与不可逆。意味着，每个事物系统、每个粒子都有自己独立的时空。比如物质存在的三种基本场：有实物粒子场、有规范玻色子场、有希格斯粒子场。有系统物质在时间上的单向性即时间之矢。了解了时间，基本上了解了物质及其世界。

(6)否定了拉普拉斯的决定论,揭示了微观世界的统计规律,比如:市场与宏观社会是一个复杂的系统。长期行为的不可预测性,有突发的"蝴蝶效应"。微观世界与宇宙宏观的统一性、突变性、整体性,它们共同组成一个大系统。

(7)系统发生突变的可能性和系统事物演化过程的不可逆性、量子性、量子振荡以及源于确定性的内在随机性。

(8)量子场论统一了粒子和场(波)的对立。爱得华·维特综合了数个弦理论,认为五种弦理论是不同的表现方式,并用数学计算出了11维,因为人脑进化的有限性不能体验这些现象。弦构成了夸克以及所有粒子,每一个基本粒子都对应"弦"的一个振动模式,就像吉他上某根琴弦的振动。物理学家相信:一个数学上如此优美的理论是不可能不真实的,如电影只有两维,但表现多维。

(9)左右不对称是自然界的基本规律,奇点时最对称,现在宇宙是不对称的,所以,要把微观的基本粒子和宏观的物质与真空统一研究,这就是"整体统一"。

(10)宏观演化序列与微观演化序列出现的交叉点,比如:

A 总星系的起源和基本粒子及夸克起源上的交叉点;

B 宏观演化上岩石的出现及微观演化上晶体的出现的交叉;

C 社会发展与生物个体发展出现的人脑交叉。所以,宇宙系统的整体研究十分必要,这里也说明物质系统在演化上的统一性与协同性。从宇宙到原子再到人,其数字方面是由一些物理常数决定的。

(11)有引力必有斥力,但没有发现斥力。再如磁单极子,左右不对称是自然界的基本规律,在宇宙中反粒子是非常少的,物质与反物质是不对称的,正电子与电子也不对称,如果我们人类是对称的话我们就会湮没。而且宇宙中90%以上的暗物质,我们不清楚。我们所处的世界,只是我们能够感知和测量的世界。

但在亚原子世界里,因果关系的概念不复存在,剩下的只有“可能性”。大部分复杂的系统都是在自发的过程中形成的。

(12)在人文科学中,如政策,表面看是一致的,似乎是对称的,实际上也是不对称的,因为实施政策的环境是不一样的。

政策有周期性(量子振荡);具有概率分布的概率性,突变性;它还有时间性,不可逆性。因此,虽然政策一样,但效果不一定一样。

各国经济周期的趋同化、无边界经济的出现等,都说明了政策的量子振荡以及它的非周期性和跨尺度的对称性。

(13)在人文科学中,在一定的时空中,生产力与生产关系是互相决定的;经济基础与上层建筑是互相决定的;社会存在与社会意识是互相决定的;等等。

因此,系统思想及其系统哲学理论就是传统理论要改变的形式的新范式。

最重要的一个事实是我们不应该忘记的,1924年6月30日,爱因斯坦在给伯恩斯坦回信中,对恩格斯的《自然辩证法》手稿评价时写道:“要是这部手稿出自一位并非作为一个历史人物而引人注意的作者,那么我就不会建议把他付印;因为不论从当代物理学的观点来看,还是从物理学史方面来说,这部手稿的内容都没有特殊的趣味。但是我可以这样设想,如果考虑到这部著作对于阐明恩格斯思想的意义是一个有趣的文献,那是可以出版的。”①

---

① 《爱因斯坦文集》第一卷,商务印书馆1976年版,第202页。

## 四、钱学森等人的论述

1. 钱学森指出:“毛泽东思想的核心部分就是从整体上来认识问题。”①事实上只要稍加研究,就会发现系统思想是符合马列主义、毛泽东思想和邓小平理论的,它是马克思主义的一种新的形态。

2. 1982 年钱学森同志讲:实现社会主义现代化,需要一门新的系统工程,我们把它叫做社会系统工程或社会工程,是改造社会、建设社会和管理社会的科学。

3. 1986 年 1 月 7 日钱学森同志讲:我们现在搞改革。对于改革,我们的预见性很有限,所以常说“摸着石头过河”,走一步,看一步。实际上,石头都没有摸,就迈进去了。

我们放人造卫星,如果也是走一步,看一步,那早就打飞了,不知飞到哪里去了。没有理论还行啊? ……这预见性来自什么? 来自科学,这个科学是什么? 就是系统科学!

4. 1986 年 1 月 7 日钱学森同志还讲:系统学的建立,实际上是一次科学革命,它的重要性不亚于相对论,或量子力学。

5. 1987 年钱学森同志讲:国家的功能是一个整体。

6. 1995 年 1 月钱学森同志讲:面向 21 世纪,三次产业革命(第五次信息产业革命、第六次基因生物工程产业革命、第七次人体科学

---

① 钱学森:《要从整体上考虑并解决问题》,《人民日报》1990 年 12 月 31 日。

产业革命),再加上系统科学、系统工程,所引发的组织管理革命,将把中国推向第三次社会革命(1921—1949年、1978—2050年和2050年以后),出现中国历史上从来未有过的繁荣和强大。

7. 系统科学是治国之方。①

## 五、系统理论与传统思维

系统理论是可以与中国传统文化完美地结合在一起的。东方人与西方人在思维方式上有着某些明显的不同之处,这是东西方许多学者的共识。我国著名学者季羡林先生说:"我认为东西文化的区别,最根本的体现在思维方式上。东方人的思维方式是综合的,西方人的思维方式是分析的。"确实,只要观察一下东西方人在哲学、政治、伦理、文学艺术,乃至农业、天文、地理、医学以及保健养身等等方面的不同观念,就不难发现东方人与西方人在思维方式上的差异是何等的明显。中国人的深层心理构成与特有的思维方式,使他们必然更多地关注在价值论上的大一统(整体、族群、社会、家庭),在伦理学上的顺从、尚祖的三纲五常,以及在思想方法上的阴阳学说(天地观、天人合一)。以群体的和乐作为个体的生存发展前提的独特思维方式,渗透于整个中国哲学、政治、经济与文化的传统思维中,重视整体轻视个体,认为局部的存在与价值有赖于整体:可以认为,这

① 以上观点摘自《钱学森论系统科学》,科学出版社2011年版;《钱学森系统科学思想文选》,中国宇航出版社2011年版。

是一种模糊、粗犷和原始的整体思维。

系统范式是人类思维方式“从实物中心论”到“矛盾中心论”再到“系统中心论”的进步与演化。

无论自然界、人类社会，还是人的思维，无不表现为系统。系统是一个总体性的概念，有着最大的包容性和覆盖面。系统概念同物质概念是同等意义上的概念。例如，大家都承认世界是物质的，但我们又知道物质是系统的，因此，系统和物质显然就具有同等意义，只是它们反映了人们的观察角度不同而已。所以，我们完全可以说没有系统的物质和没有物质的系统都是不存在的。而自然美是与物质联系在一起的。

我们应该不会忘记：

概率化革命改变了我们的世界观、人生观。

概率打破了决定论与非决定论的区别。

偶然性、演变性、多样性，比简单性、必然性、稳定性，更普遍更基本。

宏观上的不可逆性是微观上随机性的表现。

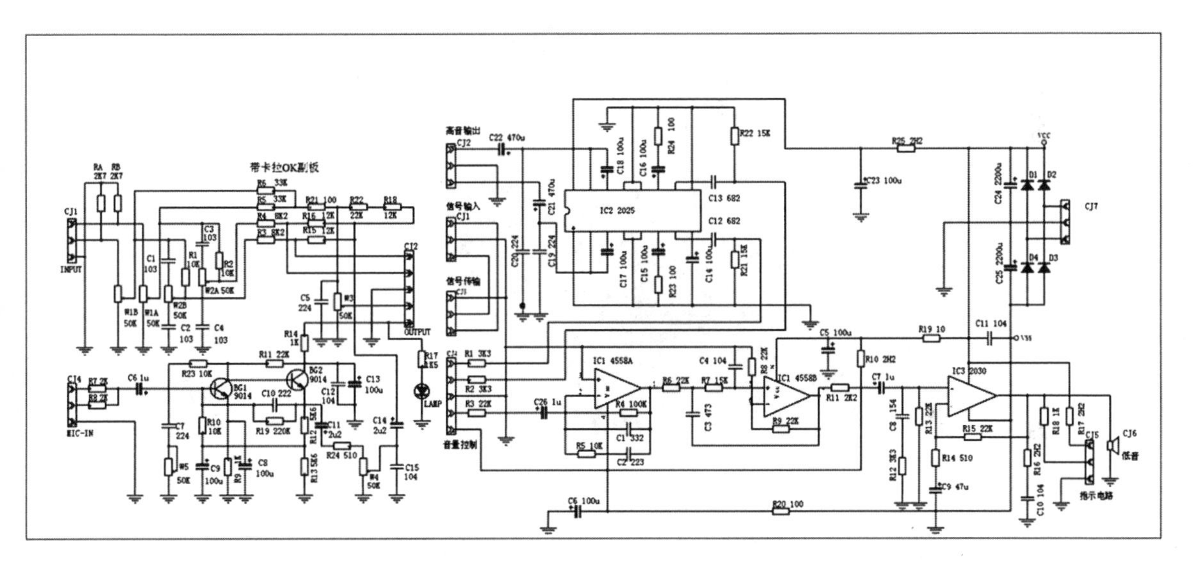


过去与未来是不对称的。

总之，系统范式作为一个科学的思想及方法，可以简要地归纳为下面数条：

第一，世界上任何事物都是由内在要素（元素）构成的。系统的整体功能就是 3>1+2，这是系统结构功能的非加和性及其新系统（层次整体）的产生，是各要素在孤立时不具有的新性质的涌现，或低层次所不具有的新质的涌现。

第二，要素之间存在着复杂的非线性关系，整体结构具有复杂性。认识整体不仅仅要认识要素，还要认识要素之间的关系，即它们之间的相关性（比如现在的中国的产业结构、社会机构），它们的纵向结构与横向结构都很复杂。

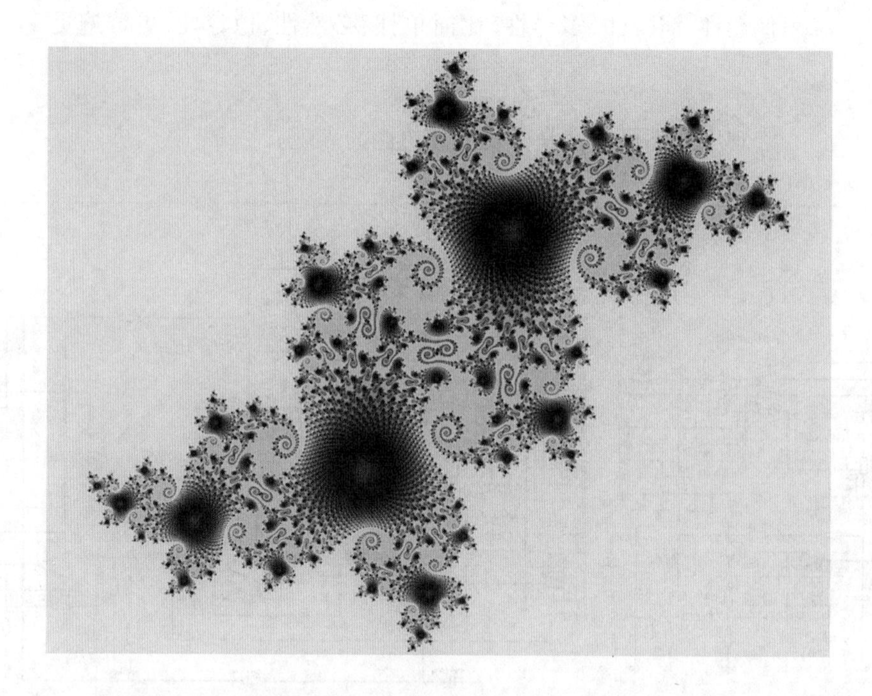

第三，系统是进化的，有产生、发展、消亡的历史过程，这个过程是不可逆转的，时间也是不可逆的。在临界点上有多种选择与突变的可能性和结果的不可预测性，系统行为轨迹不是绝对的、必然的，是有条件的。

第四，系统的结构决定系统的功能、行为。例如，金刚石与石墨，它们的分子一样，但金刚石是光彩夺目坚硬的物质，而石墨是乌黑松软的物质；金刚石分子内的碳原子是立体的，而石墨分子内的碳原子是水平的，组成它们的碳原子排列结构不一样，导致其性能不一样。

再如，经济结构、产业结构、领导结构（决定宏观效益）；又如，汉字太与犬（结构的序量），“木”、“林”、“森”与“火”、“炎”、“焱”（质量互变）；又如宇宙是三类基本粒子（夸克、轻子、媒介子）和四种基本力构成的序列结构。

人是由九十多种元素构成的有机整体；DNA是四种不同的核苷酸（A、G、C、T）在时空中不同排列，四种不同核酸构成了二十多种氨基酸，这二十多种氨基酸构成了全部的蛋白质，决定了生物的多样性，包括高级动物——人。

第五，系统的演化是多层次、多方向的过程，有极大的随机性，长期行为具有不确定性，有突发的“蝴蝶效应”。

第六，系统具有开放性，与外部环境进行着能量、物质及信息的交流。

第七，在价值观上，不要求每个要素都优化，只追求系统整体的

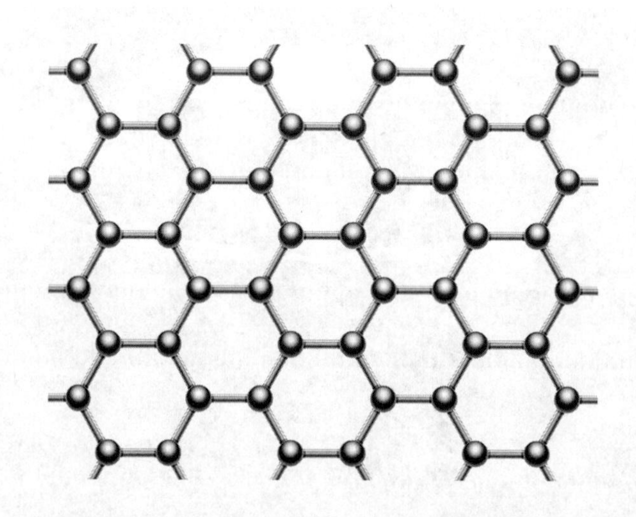

优化(美化)。在一定条件下,优化只能是相对的,如飞机、汽车、机器的总体设计的优化(美化)要求。

具体方法有:(1)系统的综合方法;(2)系统的自组织方法;(3)系统的整体方法;(4)系统的结构方法;(5)系统的协同方法;

(6)系统的层次方法;(7)系统的分析方法;(8)系统的工程方法。可应用于社会的各行各业,它属于一种组织管理的方法(或技术),如优选法、统筹法、排队论、对策论、工程经济、综合集成、计算机模拟搜索论等等。主要程序是:选择目标、系统综合、系统分析、方案优化、确定最佳方案、方案执行,其中还包括总体规划设计、系统建模与仿真等。这些方法适应于宏微观管理、社会系统的各个子系统。

系统哲学提出的五大规律及范畴体系是我们必须研究掌握的根本思想及基础方法。2013 年出版的《系统哲学之数学原理》,从物理学、数学方面证实系统哲学的五大规律的科学性、合目的性、实用性,开辟了研究美学的根本途径,为综合艺术美学、设计美学提供了一个数理平台,并打下了坚实的理论基础。

思维方式的变迁从来都是具有彻底的革命性意义的,它标志着一个民族的崛起与振兴。正如怀特海所言:“伟大的征服者从亚历

山大到恺撒，从恺撒到拿破仑，对后世的生活都有深刻的影响。但是，从泰利斯到现代一系列的思想家则能够移风易俗，改革思想原则。比起后者的影响来，前者就显得微不足道了。这些思想家个别地说来是没有力量的，但是最后却是世界的主宰。”

# 第四章　系统美学哲学本体论的根本原则与规律

系统美学的哲学就是系统哲学。

系统美学的哲学本体论就是系统哲学的本体论。

系统哲学认为,美是系统差异的多样统一:统一性的规律性与数理性,宇宙的对称性和不守恒性,最小作用量原理的合目的性、优化

美化的层次性、结构性，这就构成系统美学的整体美。

美是什么？美是系统的美，美是系统整体优化之美，美的系统由各种不同层次子系统构成的有机整体优化。

宇宙是一个巨大复杂的系统，因此宇宙也是最大的美、最高的美、最完善的美。这一点完全符合柏拉图的观点与庄子的观点，宇宙是最高的美、终极的美，是独立自在的美，但不是“理式”的美。因为

“理式”的美是外在的美。

宇宙是系统的物质世界,也是系统美的世界。

## 一、自然和自然美是统一的、成系统的

2008年版的《系统哲学》与2013年出版的《系统哲学之数学原理》认为并运用数学与物理学证实:系统是物质世界存在的基本方式和根本属性,即自然是成系统的。因此,原生态美和自然美也是成系统的,人类社会之美、艺术之美、设计之美同样是成系统的。人类社会是成系统的,人的思维也是成系统的,一句话,宇宙的本体是系统的物质世界,是系统美的物质整体的世界。这也是理念主义与物质主义的根本区别(按我们过去的称谓是唯物主义与唯心主义的区别)。

不承认物质系统美和系统是第一性的,就等于不承认物质是第一性的一样,那等于承认并继承了黑格尔的绝对唯心主义或绝对理念主义。

## 二、时间与美是物质存在的基本维度

2008年版的《系统哲学》与2013年出版的《系统哲学之数学原

理》认为并运用数学与物理学证实:时间是物质存在的基本维度。否定时间就是否定存在,因此世界是一个生成、演化的物质系统,美也是一个物质生成的美的演化系统。时间是不可逆的,自然美也是不可逆的。

宇宙从137亿年前的大爆炸奇点开始,时间与美就铭刻在宇宙物质中,物质的宇宙存在就是最大的美、最高的美。

## 三、系统美无处不在

2008年版的《系统哲学》与2013年出版的《系统哲学之数学原理》认为并运用数学与物理学证实:无论自然界、人类社会,还是人的思维,以及人的美感,都无不表现为系统。系统概念同物质的概念都是同等意义上的哲学概念,例如,我们都承认世界是物质的,而人们又知道物质是成系统的,美也是成系统的。很显然物质与系统及美有着同等的、不可分的有机整体哲学意义。美学的本体论也渊源于此,也是美学哲学的本体论。

## 四、系统哲学五大规律是系统美的基础

《系统哲学》提出的五大规律,普遍适用于自然与社会、人的思

维及各种不同的人造系统，也适于美学系统、自然美系统、设计美系统和艺术美系统。

根据以上系统哲学基本原理，系统美学最基本的法则是多样性的和谐（统一）、差异的和谐、系统整体的优化。它不仅仅是形成演化的、优化的美（自然美、艺术美、设计美等）的法则，也是整体上系统美学的基础。这是系统美学所提出的基本定律与基本规律，布鲁诺认为，整个宇宙的美就在于它的多样统一，也就是莱布尼茨提出的“多样性统一”的思想。

## 五、美学的基本规律

多样性的差异和谐是美的基础,是美学的根本原则与基本规律。系统事物差异的多样性、多方向性、多时空性是和谐美的根源。它不仅仅是形式美的基本法则,它还是美学的根本原则。

### (一)多样性的统一与和谐

和谐包括有起点的和谐之美(如奇点),有过程的和谐之美(如共同进化、相互促进共同放大），有结果相对的终极态的和谐之美（如各种对称）的平衡态，以及相似的重复循环等。

自然界是有规律可循的多样性差异美的和谐。

各种运动形式之间，中观、宏观、微观各领域之间，四种基本力之间以及自然、社会、思维之间的协调演化之美，是对自然界多样性及过程和谐统一的最深刻概括，也是自然界“内在和谐”和“内在美”的外在表征。

乐队中五音调和好听，饮食中五味调和好吃，美术中七色调和好看等等，都说明了差异中的多样性统一与和谐美的关系。

有机的多样性的差异整体是和谐美的基础。系统事物的多样性、多方向性是和谐美的根源。

比如一个差异统一体的多样性的生态系统生物链：

1. 绿色植物是第一层次的生产者及消费者；

2. 食草的动物是第二层次的消费者，如蚂蚱；

3. 食肉的动物是第三层次的消费者，如田鼠；

4. 二级食肉的动物是第四层次的消费者，如鹰。

他们之间的关系是：A∶B∶C∶D=1∶0.1∶0.01∶0.001称为“生产率金字塔”。在这样的条件下，整个生物链是合理的、有序的、稳定的，是和谐统一的美。类似这样的链还有许多。

如野兔与猫、三叶草与土蜂和蛇组成的生态系统的周期振荡，他们在追求一个相对稳定的、终极态的和谐统一美的系统，这就是生态文明的根据。

有机物与无机物的多样性的和谐统一美，也是自然界内在的和谐之美。在生物界中，一切生物的多样性的和谐美都表现在统一的遗传规律和遗传物质系统的基因中。

古希腊著名科学家毕达哥拉斯认为：音乐是杂多导致统一与和谐之美。

没有多样性，哪有艺术、哪有艺术家？哪有设计美？

比如，15世纪意大利画家达·芬奇的《最后的晚餐》，取材于“马太福音”耶稣与十二门徒聚餐，其间他对大家讲：你们中间一个人将出卖我。大家猝不及防，吃惊地问：“是谁？”耶稣讲：“同我一样把手蘸在盘子的人。”画面上的门徒神态各异，生动传神。

这种戏剧冲突多元性与神态各异的多样性，构成完美的要素，这幅画胜过其他一切以此为主题的绘画，成为了不朽之作，这正是差异协同表现的和谐外在美、结构美和功能美，使这幅画作《最后的晚

餐》举世闻名。

再如,中世纪的哥特式建筑,曾被翻译为“高直式建筑”,此建筑首先是它的采光,门户窗口开的宽敞。其次是用数来表示不同的宗教含义,如一代表上帝,十代表“十诫”等等。而且建筑极高,许多塔楼高入云霄、刺破蓝天、高不可测。这些形象都表现出教会是社会的中心,教权是太阳、君权是月亮,表达了“神圣忘我”的浓重宗教气息。哥特式教堂是宗教思想与远离宗教的各种平民思想的混合,更是多元建筑要素的融合。它充满一种超尘脱世、升腾而上的动态气势,极其震撼人心。这是多样性和谐之美的生动体现。

再比如,北京颐和园的建筑,也生动体现了差异协同、和谐的原则和多样统一的法则。

梁思成讲的“千篇一律与千变万化的统一”,就是这个意思;这些建筑都是人们的自由思想创造的理想空间。他还讲,中国的建筑风格是唐、辽、北宋的“豪劲”,这个“豪劲”就是唐、辽、北宋建筑的多样性及它们的统一与和谐之美。

在诗词歌赋方面,我们首先来看1925年毛泽东的《沁园春·长沙》:

独立寒秋,湘江北去,橘子洲头。

看万山红遍,层林尽染;漫江碧透,百舸争流。

鹰击长空,鱼翔浅底,万类霜天竞自由。

怅寥廓,问苍茫大地,谁主沉浮?

携来百侣曾游,忆往昔峥嵘岁月稠。

恰同学少年,风华正茂;书生意气,挥斥方遒。

指点江山,激扬文字,粪土当年万户侯。

曾记否，到中流击水，浪遏飞舟？

当年革命运动正蓬勃发展，毛泽东组织了“新民会”，提出“不虚伪，不懒惰，不浪费，不赌博，不狎妓”等信条，要求会友奋斗、向上。

这首词体现了毛泽东当时的豪放心情与气魄，他通过对长沙秋景的描绘，把自然美、人格美与社会革命动荡之美融为一体，彰显了浓重的时代气息与个人胸怀，激励人们奋发向上。

同时，通过栩栩如生、呼之欲出的自然美和艺术形象美，表现出革命美的内容——“到中流击水，浪遏飞舟”，更深刻地体现了意在笔先、意在笔中、意在词中的“三意”的统一，和谐美真善美的高度融合。

“问苍茫大地，谁主沉浮？”往来的历史证明，只有毛泽东及其战友，才能创造新中国的伟大业绩。这首词美也美在这里，有其伟大的历史感之美。

再有，1936年毛泽东写了《沁园春·雪》：

北国风光，千里冰封，万里雪飘。
望长城内外，惟余莽莽；大河上下，顿失滔滔。
山舞银蛇，原驰蜡象，欲与天公试比高。
须晴日，看红装素裹，分外妖娆。
江山如此多娇，引无数英雄竞折腰。
惜秦皇汉武，略输文采；唐宗宋祖，稍逊风骚。
一代天骄，成吉思汗，只识弯弓射大雕。
俱往矣，数风流人物，还看今朝。

毛泽东的这首词大气磅礴，豪情冲天。

1945年在重庆国民党的报刊上刊登了毛泽东的这首词，引发了山城的轰动，随后传遍全国，被柳亚子盛赞为千古绝唱。

这首词厚重的历史感、厚重的革命豪情、厚重的理想信念，反映出作者的胸怀博大宽广、气魄雄伟旷达，充满对祖国山河的热爱和对未来美景的盼望与奋争。

如果说1925年毛泽东的《沁园春·长沙》，只是坚定信念，那么1936年发表的《沁园春·雪》，我们已经从词句中轻轻感到：旭日东升前的一丝丝淡淡的白光正在升起，这是胜利的预言。它体现的正是这首词的美。

中国历史上不乏这样豪情冲天的诗人和诗篇，如李白的《蜀道难》、《将进酒》、《梦游天姥吟留别》等等。

李白的《蜀道难》赞美大自然的“交响乐章”与人间英勇奋斗的气魄，全篇一唱三叹、回肠荡气，节奏与声韵上穷极变化之能事，真是奇之又奇。

李白的《将进酒》表达了淡泊名利、蔑视权贵，追求独立自由的人格。“酒中仙”的浪漫形象，表现得淋漓尽致，前无古人，后无来者。

再如，苏东坡的《赤壁怀古》：

大江东去，浪淘尽，千古风流人物。
故垒西边，人道是，三国周郎赤壁。
乱石穿空，惊涛拍岸，卷起千堆雪。
江山如画，一时多少豪杰。
遥想公瑾当年，小乔初嫁了，雄姿英发。
羽扇纶巾，谈笑间，樯橹灰飞烟灭。
故国神游，多情应笑我，早生华发。
人生如梦，一樽还酹江月。

苏东坡的这首词，被前人推为“古今绝唱”，表达了慷慨激昂的心声、雄才大略的志向，以追慕历史英雄的怀念，为千古佳作。

另外，辛弃疾的《西江月·遗光》：

醉里且贪欢笑，要愁那得工夫。

近来始觉古人书，信着全无是处。

昨夜松边醉倒，问松"我醉何如"。

只疑松动要来扶，以手推松曰："去！"

辛弃疾在这里是针对当时世俗的嘲讽，惟妙惟肖，看来真切感人，体现了"三意"的高度融合及升华，以及差异多样性的统一和谐之美。

在音乐方面，构成音乐的要素，是多种多样的。如旋律、节奏、节拍、调式、调理、和声、复调、织体、曲式等，这些要素互相依存、相互配合，是一个极为复杂的和谐整体，是一个典型的具有多样性、差异性的和谐美。这个和谐美的思想，在音乐中表现得十分透彻动人、十分宏伟震撼。在艺术领域中，音乐是最典型的杂多同一、差异和谐的整体美的艺术。

如交响乐，它使用的乐器就有十几种，各组乐器由低到高，每种乐器各具特色，演奏的方法有齐奏、重奏、独奏等。音量的大小、力度的强弱、节奏的快慢，曲调多变。但在统一的指挥下，各尽其妙、气势磅礴、浑然一体，表现了最典型、最奇妙的多样差异和谐之美。

闫肃创作的电视剧《西游记》主题歌，"敢问路在何方？路在脚下"。多么豪迈啊！多么震撼人心！它是词、曲、意的高度融合，才形成了歌曲的大美。

包括现代的"乡村音乐"等，都是多样性差异和谐为主旨创造的艺术品中之美。

列宁讲："多样性不但不会破坏在主要的、根本的、本质问题上的统一,反而会保证它的统一。”①这里讲的物质统一性,就是系统“内在的和谐之美”。

多样性和谐之美为第一美学原则和第一美学原理,也是美学的根本规律。

## (二)整体优化之美

整体优化作为系统哲学的一条基础规律,是根源于自然界、人类社会和思维科学之中。它与自组(织)涌现结合在一起,就成为宇宙系统的最普遍最具有规律品格的规律。

在天体系统中,各星系有自己的分布、结构、状态和运行轨道,并以整体优化的方式演变着。

以太阳系为例,太阳位于中心,发光、发热,有很大的质量;外围有九大行星在同一平面、沿同一方向、以各自的速度、按各自的椭圆轨道运转;除水星与金星外,其他行星都有自己的卫星、小行星和彗星在绕其运转。这种现象按照万有引力的标准来分析,就是一种整体的优化,体现了整体优化之美。

在地学系统中,地球结构如地核、地幔、地壳、水圈、生物圈、智慧圈等有序合理的排列;春夏秋冬的冷暖交替;七大洲四大洋的地理分布等,也是一种整体之优化美。

在其他自然科学系统中,物理学中的理想气体、绝对黑体、理想

① 《列宁全集》第3卷,人民出版社1995年版,第399页。

实验、惯性系统、各种临界点、平衡态等，就其各自的目标函数来说都是一种整体的优化之美。

化学中的元素周期表，每一个周期都有最强的金属性与非金属性，有最弱的金属性与非金属性，其化学性质也有最强和最弱之别，这也表现出各种元素整体之优化美。

在生物学中，达尔文所揭示出的优胜劣汰、自然选择、适者生存等都是整体优化美的结果。凡是被淘汰的系统事物都是因为失去了最优状态。现存的一切事物（系统）也不一定是最优的、最合理的，

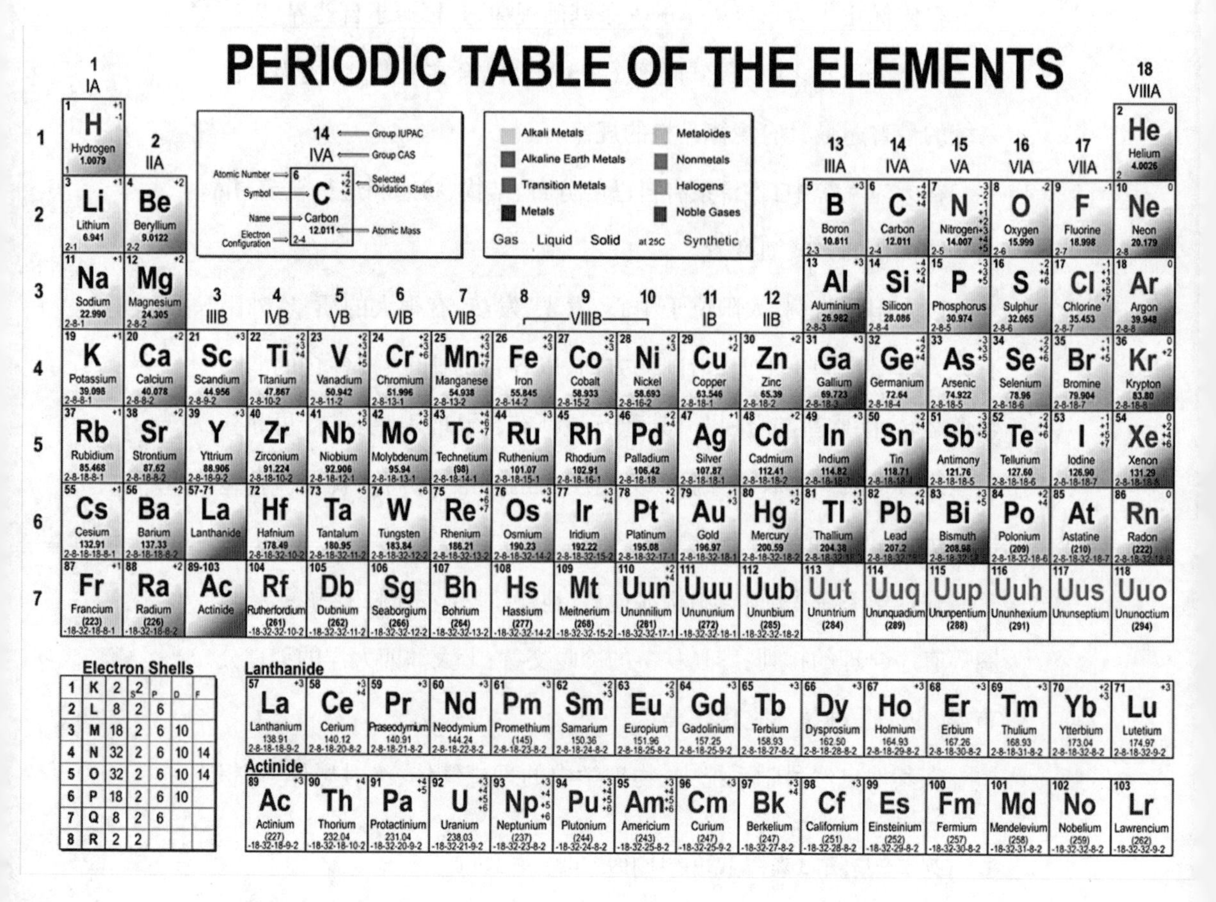

只有系统差异协同的自组织与外部环境选择的相互作用才能产生最优状态、最优过程、最优功能、最优之美。

有人讲恐龙灭绝能是整体优化吗？我们如果把恐龙类作为一个封闭系统来看，它的灭种是一种劣化，而且是一个整体的劣化。如果把恐龙类作为大自然的一个要素来看待，只有它的灭绝才有可能使其他自然界的动植物得以生存与发展，使自然界整体优化。恐龙的灭绝是受自然界规律的内在根据、外在条件作用的结果。假如在当时的条件下，恐龙超越自然规律的约束而生存下来，则是自然界整体出现劣化的表现。

在人类社会系统中，从人类发展的历史过程来看，由原始社会、奴隶社会、封建社会、资本主义社会，直到更高级的社会，社会进步显示出整体的优化及美化。

在人们的思维系统中，已经由单值思维、两值思维发展到运用系统哲学思维，使人类的认识能力，越来越接近客观世界的本来面貌，显现出思维方面的整体优化、整体美化。

整体优化之美的客观普遍性，并不排除在局部要素上或在系统发展的某个短暂时期内产生劣化，出现整体小于或等于部分之和的现象。这些问题并不影响整体优化美的客观普遍性，整体优化美作

为自然界、人类社会和思维的基础规律,在其发展中起主导的作用。某些个人的疾病与死亡,不会影响人类群体的整体优化。相反正视这些劣化现象,给予科学的研究,寻找劣势的机理,给予医治,将会使人类群体的整体优化表现得更完美。

有人问,“三个和尚没水吃”能叫整体优化吗?我们回答是不叫整体优化,而是部分要素的劣化,而且这个劣化只是暂时的表现。如果我们把“三个和尚”看作是一个封闭的系统,三个和尚都不去担水,他们因没有水吃而要死亡,这个封闭系统就不存在了。自然界生物生存的客观规律要求三个和尚作出这样的回答,是渴死还是找水生存,三个和尚的回答是后者而绝不是前者。三个和尚为了生存,总要向有水吃的方向努力,而不是向“一个和尚担水吃,两个和尚抬水吃,三个和尚没水吃”的方向发展。三个和尚只能以最佳的组织方式合理承担取水任务,保证三个和尚有水吃,这才是系统整体的优化方向和美的方向。

“三个和尚没水吃”这个故事,正好从反面阐明了整体优化之美的客观实在性,整体优化之美是事物发展的必然趋势。

整体优化之美包容着差异性与层次性,即整体优化在实现过程中总是表现出它的千差万别、千姿百态,表现出这种差异性与层次性在整体优化过程中的和谐之美。有机性与协同性、差异性与层次性是整体优化的前提。

没有差异就没有优化美,也没有协同,更不会有整体优化美。差异协同是整体优化、美化的基础规律,其内容是相容的、互补的、相通的,但又各有其界定的范围。在客观世界中,整体优化、美化带有很强的实践性、主体性与能动性;不仅如此,整体优化之美还带有很强

的客观实在性。

比如,恩格斯讲的“典型环境中的典型人物”,可以解释为:这个“典型环境”意味着整体优化、美化的环境。“典型人物”则意味着在整体美化的优化环境条件下,产生的优化、美化的代表人物。

在戏剧中,“环境的典型化”与“人物的典型化”都是人与环境的优化、美化或是劣化、恶化的两个极端形态,这样条件下产生的艺术品或是极美(喜剧),或是极恶(悲剧)的艺术品,都是有代表性的。

阳刚之美与阴柔之美都是这样,达·芬奇的《蒙娜丽莎》、米开朗琪罗的《大卫》都是在古希腊的典型环境下的典型代表人物;像

《阿Q正传》就是反例,是一个典型的悲剧。

## (三)对称性的和谐之美

对称性是系统事物内部互相作用产生的自然美的一种和谐。也是一种可能的、阶段性的终极态的和谐之美。它是系统事物在演化过程中产生的一种对应和谐美,差异的相互作用越强,对称性也越高。

系统整体中的对称性是系统物质内部诸要素之间的和谐美,对称性从一般意义上讲,是指系统物质世界和过程都存在或产生它的对应方面,即形态上对应、结构上相似、功能上相仿。从宏观到微观,从生命到非生命,都有这种对称美。

例如:对一切晶体物质来说,经过各种对称因素和对称动作的计算,从外形看,不变单位对称群有32种;从内部结构上看不变单位格子的对称群有230种。这些对称群从具体联系形式上和内部规律上揭示了一切晶体的相似性、不变性和共同规律性。比例协调和结构合理是系统内部各种差异关系的和谐之美。

凡是有规律性系统事物都可能产生对称性美的和谐,对称性本身就是差异系统美的和谐。

比如,在自然界中有许多重复性、周期性的规律。如节律、季节、昼夜四季更替、生物的全息律、生物活动的"生物钟"等。

19世纪的门捷列夫的元素周期表,是按其内在的和谐规律和对称性美,把自然界中的组成元素统一起来,成为化学中一个重要的基

础理论。

它揭示了元素化学性质的差异，主要取决于原子结构上核电荷的大小和核外壳层电子数多少、电子层的数目及价电子层的电子数以及电子层之间、电子层与核之间的距离上的差异和谐之美。

自然界中的对称和谐统一的自然美，也反映到数学中，如牛顿力学的引力势，电学中的静电势都可以用二次偏微分方程式来描述。

宇宙的对称和谐这一理念给哥白尼与开普勒的宇宙理论学说提供了思想资源。

爱因斯坦在建立狭义相对论时，就把对称和谐之美的思想作为他的科学方法，并把物质世界的统一性称为“内在和谐性”、“内在完美性”与“神秘的和谐”。因此，应该承认物质系统“内在美”就是和谐，物质系统的“内在和谐”就是系统事物的“外在美”。其实，对称性本身就是差异协同和系统的外在美。

规律性是系统物质运动、变化、发展中的和谐美，符合规律就和谐，否则就不和谐；因此规律性是和谐美的标志。各种守恒定律是自

然界中统一和谐美的表征，我们的任务无非是促进系统事物的过程，向我们确定的和谐美方向发展。因为系统事物有无数个差异，就有无数个方向。而且我们要清楚，即使在同一方向，也有许多不同的目的。系统呈现出的和谐性是相对的，是在一定系统物质层次内的和谐；和谐是有条件的、有范围的，是系统自身转化的一种过程。

相似性也是系统物质内在差异的和谐之美，包括现象、形态、性质、结构和规律表现出的相似。

上述的几个原理为差异协同和谐之美的立论提供了重要的科学理论依据,此外超弦理论中"自洽原理"与"靴袢原理",也说明了事物的差异引发量子起伏与涨落,而通过协同自组织产生新的有序结构之美,即自组织之美,可以称为第四规律,比如宇宙的自组织演化,地球、人类都是如此,都是自组织演化之美。

# 第五章　美学的数理基础

系统美学与数学、物理学有着深厚的渊源和联系,三者是一体结构,是不可分的有机整体。

## 一、自然演化与最小作用量原理

自组织涌现与整体优化定律阐明了宇宙从奇点开始自组织演化生成涌现系统(优化、美化)的机制,它涵盖了从涨观到渺观的广袤宇宙空间,是宇宙最深刻、最具有概括力的规律,它表述了宇宙在涨观到渺观上的协调演化、协同进化及和谐美的发展趋势、方向,这种达到整体优化的内在张力,这个从涨观到渺观的内在张力就是宇宙演化的原动力,也就是我们常说物理学里的"最小作用量原理",这相似于亚里士多德讲到的"不动的第一动者"、"不动的始动者"的作用与功能。

比如,天体大自然的演化、太阳地球的形成、动植物生命的起源、人类社会的进步等等,每一层次的演化生成的整体涌现,就是那个层次的最优,也是那个层次的最美。

优化是系统乃至整个客观世界发展的趋势、方向、目的。人类社

会各系统的结构功能优化是人类社会不懈的价值追求，也是对理想社会美的追求和对大同世界的追求。

优化意味着系统物质在演化过程中，既追求省时间、又省能量（最小作用量原理）的路径，最终达到最优，也就是达到最美。

动物、植物、生物、无生命的系统无一例外。这不是上帝的安排，也不是教主的旨意，这是自然演化的合目的性，是自然物理逻辑的张力与趋势。

从奇点开始演化之路，就是省能量、省时间之路，也就是诞生美之路。省能量、省时间的机制，既是系统演化的动力，也是系统演化的目的，更是系统美演化的本质，当然也符合亚里士多德的“目的因”。

系统在优化过程中，最后达到优化的极值，它呈现出最稳定、最和谐的状态。也是这个层次的最美。

到此为止，我们可以说系统美的演化到了极点、美到了奇点。从

奇点开始的美，美到了“单子论”中莱布尼茨提出的“前定的和谐”，也就是自然逻辑与人类逻辑在奇点的和谐。这正是爱因斯坦、杨振宁的问题之所在。

什么是美？美就是和谐、美就是宇宙，宇宙就是最高的美，也是最高的存在。这就是系统美学的全部内涵，是系统美学最高层次的内涵，同时也是系统美学的存在论与本体论，是系统美学的出发点和归宿。

这个美的定义回归到了希腊人亚里士多德的始发点，在这里我们不得不对古希腊人思想的深远与精确，感到十分的惊讶。

这个“前定的和谐”既不是上帝定的，也不是其他宗教教主示意的，它是大自然最根本的定律、最根本的精髓，是大自然自己定的法则。

系统美学的根本精髓是与系统涌现、系统最优、极值、奇点、黑洞、时空扭曲、奇怪吸引子、宇宙常数等等联系在一起的。

人类社会产生前大自然的自然美或原生态美是人类社会产生后的现实美(艺术美、设计美)和其他一切美产生的渊源。

康德所提出的自由美,相当于我们这里的自然美。

黄金分割法,无非是自然美的“内在美”在数学上的比例均衡、对称的表征。

物理学上的“最小作用量原理”,是系统演化的核心,是宇宙演化永不枯竭的动力源泉,是永远的第一推动力,是演化的过程因与目的因、终极因,美只不过是它的表征。

人类社会的思想、意识、情感、美感、审美意识,无非是大自然“内在美”的外在表现,我们人类的一切智力、感情、信息都有物质载体,都是物质的运动能量的转换、运动形式的变化与层级化而产生的衍生物。

物质的演化有分形、有相似性，那么以它（物质）为载体的思想等，也随之而产生类似的分形与相似。这样，物质有分形、有相似，思想意识、感情等也就产生了分形、相似。物质与思想的相似性、分形性由此而诞生。物质演化的层级化，产生了思想意识层级化（层次化）、相似化，这就是为什么自然演化出来的事物,你觉得美好。因为,你本人也是自然演化、层级化的美(即美的层级化)。

我们经常说的:自然是大宇宙,人是小宇宙。这就是“前定的和谐”的渊源,也是布日诺讲的自然是事物的上帝。

当代系统科学与系统哲学说明,没有物质载体的思想、感情、美感、审美意识、信息是不存在的。人们思想的分形相似,渊源于物质的分形与相似。

## 二、和谐美与分形

1967年,英国年轻数学家芒德勃罗发表文章,讨论了关于英国海岸线长度的问题。他的回答不仅令人感到惊奇,而且成为一门学科的标志。

### (一)大自然的演化生长规律

芒德勃罗认为:海岸线的形成与生长是不确定的,精准地讲,它有无限的长度。因为随着测量尺度的变化而变化,海岸线会变得或长或短。因此,海岸线的长度取决于观察者使用的测量尺度单位,比如,卫星观察测到长度,比地球上观察者得到的长度要短得多。

类似的事物比较多。比如,大地上树枝般的山脉、弯曲秀丽的河流、飘动的云彩、太空中旋转的星系、植物相似性的生长、动物相似性的传宗接代等。它们都是分形性的生长者、演化者,他们彼此都很相似。

再如,生物中的遗传密码。在生命系统中,各层次的演化都有自己的规律。而各个层次的规律都有分形相似性地存在,并协调地演化着,如微观与宏观的协调演化,组成和谐的大系统之美、宇宙之美。生物的 DNA 与 RNA 在遗传过程中存在着相似的分形结构,导致了生物演化过程中分形演化生长的规律与状态。

大自然的分形生长模式正是事物生长的规律,是最真实的存在状态,我们人类感到十分惊讶。

分形理论中的一个特征就是自相似性,即分形的不变性,在不同尺度上不断重复同一变换规则而形成,大一统的宇宙、人类社会,各种事物都是如此。

分形理论的特征就是以下几点:

第一，复杂无规则的外表。

第二，无特征尺度，即无标度性。

第三，自相似性。

第四，无限精细的结构，即无穷嵌套的几何结构，如俄罗斯套娃。

第五，实际的维数，大于拓扑维数。

第六，用简单方式生成。

这就是万物演化生成的最简单的特征。

从宇宙大爆炸、混沌初开，从原子生成到人类社会，从细胞的繁殖到动植物的相似生成，都是大自然利用分形的原则创造世界，并以分形的方式存在着。因此，分形的现象比比皆是。

比如，生物发生的原理：有机体在其胚胎演化过程中，以简略而且浓缩的形式迅速演化，是代表了其种族进化的主要阶段。

再比如，认识演化论：人类的每一个健全自然的个体，他的认识都重演了人类认识发展过程的主要阶段，都是人类文明进化史的缩影。

这些大自然的演化，从宇宙大爆炸与膨胀最早生成的涌现，如夸克、轻子、媒介子等各种基本粒子，经过强子、轻子的时代，经过一百多亿年的时光，而生成的人类社会，这一百多亿年的演化。宇宙、大自然、人类社会不仅仅是以分形的形式存在着，而且是以分形的模式生成并继续演化着……

这个过程说明：

第一，事物演化的层次、生成的涌现，都是与分形、相似与层级美联系着，都是层级美的演化与生成、层级美的优化与极致，就是美与大美、和谐之美的生成过程。

第二，大自然是人类的老师，因为凡是大自然生成演化自然美的事物，人类也认为它是美的。

第三，自然美是一切美的渊源，是艺术美与设计美的渊源。

第四，艺术美、设计美总是追求、逼近、再现自然美，模仿大自然的美、仿造自然美的神态，去创造艺术美、设计美。

海岸线弯弯曲曲，有坡度、有悬崖，使人感到很美；我们面对百草、花卉、松柏大树、绿植、水果等，感到非常舒服、愉悦。但是我们没有想到，这些美好的事物是可以用数学方式来描述的。

## (二)相似性分形的数学表述

在代数学上,它们可以用递归函数描述分形的特征:

F(xn+1)=f(xn)

方程计算的结果,不断代回方程本身,去影响下一次计算结果,表现了系统级级递归的分形特征和生成的潜能,同时反映了同样的计算规律的不断重复。表现了层级涌现美的生成演化与极致。

这个方程层级表现的美,就是大自然演化涌现生成的美,就是我们日常生活中感到的美。这也同时说明,美的本质是数理的基础,是数理的结构。

在人类社会中,股市的涨跌、物价的波动、社会的发展,都是分形的现象,都与社会美联系在一起的。

再如,海洋生物珊瑚和海绵的自然生长;城市的扩大;大脑的活动,也都是分形现象,都可以建模计算。

芒德勃罗讲:如此众多的学科"交集",肯定是一个"空集"。而我认为"交集"与"空集"的汇集,一定是大美的构成。

事物演化相似性的生成、相似性的涌现、相似性的层次、相似性的美,它们之间的差异和谐就生成了美的必然,必然性的演化美、演化美的必然。

任何事物的生长、演化,都必须有相应的空间,这空间与正在生长演化的实体是一个不可分离的整体,因此空间与实体的生长演化,形成一个相似的分形,这个实体与空体的整体就是一个美的结构。

我们举些例子,在文学艺术的典型塑造中,大家都企求达到一个典型的人物、典型的环境、典型的情节,以做到每一个典型事件对于读者来说,都是似曾相识和不相识的事件;一个人物同时又是许多人物的形象。完整的艺术形象,使读者感到愉悦、生动、震撼。正像恩格斯讲的:典型环境中的典型人物。鲁迅的作品《阿Q正传》,再现了一个真实的阿Q流民;他是那个时代最基层的无业游民代表,所以在社会上引发了巨大的反响。

此外,比喻与相似是一切文学艺术重要的表现方法。"如同"、"仿佛"、"一样"、"就"等等。

鲁迅在《故乡》中讲:我想,希望是本无所谓有,无所谓无的。这正如地上的路,其实地上本没有路,走的人多了,也便成了路。这里生动形象地指出了"希望"与"路"的相似性、形象性、深刻性。

没有希望之"路",是无所谓有路与无路的,只有那些有梦想的人才有希望,才会找到成功之路。这是颠扑不破的真理,但鲁迅把它形象化、艺术化了，产生了巨大的社会效应。相似相成，使我们感受到鲁迅的语言之美、思想之美、深虑之美。

文学语言的“对偶式”也是一种相似美的展现。

墙上芦苇，头重脚轻根底浅；
山间竹笋，咀尖皮厚腹中空。

读后，让人觉得生动形象，它借物喻人，因为它们之间有相似性。

当然我们希望在身边少一些这样的人，多一些像鲁迅、李白这样的人物。

李白在《望庐山瀑布》写道：

日照香炉生紫烟，
遥看瀑布挂前川。
飞流直下三千尺，
疑是银河落九天。

从诗中我们就会感受到庐山的秀丽，仿佛看到香炉峰瀑布的壮观、香炉峰孤峰独秀，云笼其上，气象万千。在灿烂的阳光照耀下,蒙蒙的薄雾变成紫色,就像到了九天之上。这首诗即表达了瀑布的奇景丽质,也展现了作者的雄才大略。诗人的想象、夸张、生动贴切的比喻,唤起了读者的兴奋、愉悦与美的享受。诗中的“瀑布”与“银河”太相像了,使人醍醐灌顶,思维提升到了天边、提升到与星斗相连!这是相似美的典型代表,词好意美,高不可攀。

苏轼关于瀑布的名句:帝遣银河一派垂,古来唯有谪仙诗。盛赞李白的《望庐山瀑布》是千古奇诗,使我们看到诗词之美,令人倾倒之美。

李白在《静夜思》写道:

床前明月光,
疑是地上霜。
举头望明月,
低头思故乡。

此诗看上去平淡,而千古传诵不绝。诗中用“地上霜”比喻“明月光”,贴切、新颖,不仅描述了月色的洁白,也写出了夜的静谧,以及地上撒满的“霜”景美色。

全诗20个字,用极精练的几笔,勾勒出了时间、地点、环境;用词流利自然、耐人寻味。那“弦外音、意外味”正是激发读者想象力的精彩之处。

法国心理学家里普斯的“移情说”,正是事物演化相似性的表达。“移情”到了人的主观情感上,而不是相反的过程,至少是相互过程;自然美移情到了主观者的感情上,观察者又再一次深化移情,转送到了自然美的物质上。

正如俄国教育家K.Д.乌申斯基讲:移情作用实质上,不过是相似的联想。即事物是分形演化的联想。

杜鹃的啼声与人的哭泣相似;风雪中盛开的梅花与人的高傲品质相似。因此才有了:杜鹃在哭泣;天寒自有傲霜枝等比喻。这都是人们思维相似性的联想的成果,即人的思维分形性起着主导作用。

列宁在《费尔巴哈:对莱布尼茨哲学的叙述、分析和批判》一书的摘要中讲:自然界中的一切都是相似的。文学艺术中的模仿、逼真、再现、"移情论"、幻觉论等,都是事物中的某些相似性,在我们心中被唤起的想象、感受、意念。而事物在演化过程中相似、相成的特征,正是文学艺术美的基础。

所以分形理论与艺术美是分不开的。分形理论中,相似性更是一切艺术美的核心,它展示出了事物整体,即自然美、艺术美、设计美的整体和谐性与分形性的统一。

没有物质分形相似性生成的特点,也就没有文学艺术美,而相似演化生长的模型,体现了数学艺术之美。它的统一与和谐表现了自然美与艺术美、设计美的大统一,表示了数学、物理与美学的内在统一性。

## 三、和谐美与最小作用量原理

我在《和谐社会与系统范式》一书中提出:"凡是符合最小作用

量原理的物质系统与思想都是和谐的。”然后我们在《系统哲学之数学原理》中用数学、物理学做了证明，现在引用一段。

系统哲学指出：“凡是符合‘最小作用量原理’的物质系统都是和谐的。”也就是说：和谐系统就是美的，我们下面来说明这一论断。

要证明“凡是服从最小作用量原理的系统都是和谐的”，主要是说明以下两点：

1. 最小作用量原理与热力学定律的关系。

2. 系统因涨落是否仍能趋于稳定，构成整体性，呈现整体优化特征？这要分以下几种情况：

其一，系统在接近平衡态时，即在非平衡态的线性区，是否趋于稳定？

其二，系统在远离平衡态时，即在非平衡态的非线性区，出现什么特征？

其三，系统内部出现涨落或受外部的扰动后，是否可以趋于整体稳定性？

为此，首先介绍一下最小作用量原理的发展历程，什么是“作用量”？

实际上，自然界总是取那种使其时间与能量之积为最小的方式。也就是说，既省时间又省能量。时间与能量之积就叫作用量。

法国数学家莫培督（Pierre Louis Moreau De Maupertuis，1689—1759年）在1740年提出了最小作用量原理（Principle of least action）。实际上，他发表了一篇《物体的静止定律》的论文，其中在寻求：不能由物理学给出的“更高一级的科学”，构思了最小作用量原理。

1744 年在其发表的题为《论各种似乎不和谐的自然规律间的一致性》的论文中,明确提出了最小作用量原理。他定义“作用量”为质量、速度和所经距离的乘积的积分。

欧拉给出了最小作用量原理的数学表达,他用严格的变分法证明了最小作用量原理。

德国著名数学家高斯(Gauss Karl,1777—1855 年)于 1828 年发展了最小作用量原理。在此基础上,数学家拉格朗日发展了分析力学,称为拉格朗日力学。

有人称最小作用量原理是物理学皇冠上的明珠。作用量定义为 $A$ :

$$A = m\int uds \ ,$$

最小作用量原理,其最早的形式为(取非等时变分号 Δ):

$$\Delta A = \Delta[\ m_i\int u_i ds_i\ ] = 0$$

此处, $m_i$ 为第 $i$ 个物质, $u_i$ 为第 $i$ 个物质的运动速度, $ds_i$ 为第 $i$ 个物质在各自一定的时间间隔内所运动经过的距离。( $i = 1, 2, \cdots, n$ )

即当系统在任意可能的空间构形间运动时,具有相同能量的所有可能的运动中,其真实运动使作用量 $A$ 取极值。上式或写成:

$$\Delta\int_{t_1}^{t_2} zE_k dt = 0$$

对于单一子系统来说,若消去时间参数后,则 Δ 可改为等时变分符号 $\delta$ ,有:

$$\Delta\int_{t_1}^{t_2} zE_k dt = \delta\int_{p_1}^{p_2} mvds = 0$$

其中$p_1$，$p_2$表示在$n$维空间中的两个点，上式为通过该两点的路径积分的变分。

海穆霍茨（H.L.F.Helmholtz）给出了最小作用量原理的下列普遍表达式：

$$\int_{t_1}^{t_2}\{\delta(-\psi + E_k) + \delta A\}\ dt = 0$$

$$\psi = E - TS$$

其中$\psi$为自由能，$E$为系统的势能，$E_k$为动能，$T$为绝对温度，$S$系统的为熵。$\delta A$为这些参量变化时外界对系统所做的功。

海穆霍茨证明了最小作用量原理与热力学定律相一致。实际上，最小作用量原理的表达式可改写为：

$$\delta A = \delta\int_{t_1}^{t_2}(\delta L + \sum_i f_i \cdot \delta q_i)\ dt = 0$$

其中$L$为拉格朗日（Lagrange）函数，实际上，$L$是系统的内能$U$（如选$S$，$V$为自变量）或为自由能$\psi$（如选$T$，$V$为自变量），$f_i$为第$I$个单位体积的势能，$\psi q_i$为广义位移。

于是有：

$$L = -E + TS + uE_k$$

普朗克（Planck，M.）、爱因斯坦（Eeinstein，A）建立了相对论热力学体系，若选择相对论热力学的最小作用量原理取下列形式：

$$\int_1^2(\delta L + \mathrm{k}\cdot\delta\mathrm{r})\ dt = 0$$

其中，$L = -\gamma^{-1}m_0c^2$，k为广义力，δr为广义位移矢量，$\gamma$为温

度变换系数，$m_0$是物体静止时的质量，$c$是光速。

由相对论热力学的基本公式：

$$dU = TdS - PdV$$

（其中：$P = (\partial L/\partial T)_V = -(\partial\psi/\partial T)_V$，$P = (\partial L/\partial V)_S = -(\partial\psi/\partial V)_S$，$P = (\partial L/\partial V)_T$）。从而，不难导出更一般的热力学第二定律和第一定律：

$$dW + dU = TdS \quad dW + dU = dQ$$

海穆霍茨得出结论："自然界所发生的一切过程都由世界的永不消失和永不增加的能量涨落来描述，能量的这种涨落定律完全包容在最小作用量原理中。"海穆霍茨从数学上论证了最小作用量原理是描述世界自然规律的复杂问题。

由以上的讨论和论证可以得出：

（1）最小作用量原理可以导出热力学定律，而在热力学定律的前提下 Prigogine 证明了最小熵产生原理，就是说最小作用量原理和最小熵产生原理相一致。

（2）最小熵产生原理保证了热力学线性区，非平衡及平衡态的稳定性，也就是说最小作用量原理也有此特性。

（3）在非平衡态的非线性区，当系统受扰动而偏离平衡态超过某个临界值时，非平衡参考定态将失去稳定性，这时，熵产生不一定取最小值。因熵和熵产生不具有热力学势函数的行为，最小熵产生原理不再有效。

这时，过程的发展方向不能依靠纯粹的热力学方法来确定，必须同时研究动力学的详细行为来分析系统的稳定性。

当控制参数 $\lambda$ 的值超过某一临界值 $\lambda_0$时，即当系统偏离平衡态超过某个临界距离,则非平衡参考态有可能失去稳定性。在与外界环境交换物质和能量的过程中,任一微小扰动即可使系统经涨落发展到一个新的有序状态(这就是耗散结构),同时进入新的稳定状态。

现在看最小作用量原理与动力学方程的关系。前已得出最小作用量原理的拉格朗日形式为:

$$\Delta\int_{t_1}^{t_2} zE_k dt$$

考虑到拉格朗日函数 $L = E_k - V$,则不难导出下列拉格朗日方程以及动力学普遍方程:

$$\frac{d}{dt}\left(\frac{\partial L}{\partial \dot{q}_k}\right) = \frac{\partial L}{\partial q_k} = 0$$

就是说,最小作用量原理等价于完整系统的运动方程。

$$\sum (\mathrm{F_i} - m_i\ \mathrm{a_i}) \cdot \delta \mathrm{r_i} = 0$$

以上说明,由最小作用量原理可导出热力学定律和动力学普遍方程,即最小作用量原理与热力学定律及动力学运动方程是一致的。

于是可以说,凡是满足最小作用量原理的系统都可以用热力学和动力学任一种或联合的方法进行分析,研究其整体稳定性。

于是,由动力系统的利亚普诺夫(Liapunov)不稳定性定理及以上分析可知,熵的二级偏离 $\delta^2 S$ ,即超熵产生,(简称超熵)可以作为 Liapunov 函数。$\delta^2 S$ 的正负性取决于系统的控制参数和动力学参数的值,这些参数反映了系统偏离平衡的程度。

就是说,凡是满足最小作用量原理的物质(系统)不论是平衡态、近平衡态,还是远离平衡态的系统,也不论受怎样的涨落、外部扰动作用都最终可以趋于系统的整体稳定性。有了整体稳定性，根据系统哲学法则不难得出系统的整体优化、和谐放大之美的特性。

上面的逻辑过程证明了，“凡是符合‘最小作用量原理’的物质都是和谐的”，凡是和谐的就是美这一重要定理。

这样就证明了最小作用量与和谐美的统一性。

系统哲学指出：“随着科学技术的发展，展现在人类面前的世界是一个五彩缤纷的画面。”“在系统物质世界进化过程中，大量的新的涌现出现。”这些涌现就是美的层次化的过程。

每一个涌现都是一个创新和发展。这个涌现趋向一个优化的极值，极值的内核就是最小作用量，极值的表象就是最美。优化美化就是最小作用量原理的显现过程，更是人类追求真理、实现善的价值过程。

最小作用量是系统演化的动力，它的灵魂就是理性的美、真理的美、科学的美，它的表象就是优美绝伦自然界的自然美。

他的整体趋势是一个优化、美化的世界，这是自然界的终极归宿，也是我们人类的普遍愿望与善的价值追求。

因为宇宙总是以理性美为灵魂，以最小作用量原理为核心，向真善美相统一的方向发展、演化，以达到系统的优化、美化的极值。它的表象就是简单、深邃、对称、和谐、守恒美。

而且这些新的涌现的自由度、能动性又很大，巨量的复杂系统出现了巨量的随机运动，在这些非线性的随机运动中把握系统的进化规律，就要依靠统计平均的理论来揭示系统进化的规律，这就改变了由初始态的动力学规律推演出一切进化状态的传统方法。这是对经典力学的发展与革命，管理学的革命，还有哲学的革命、美学的革命、

设计学的革命。

这些思想我们也可以用数学逻辑表达式为：

$$\delta\int_{P_1}^{P_2} mvds = 0 \Leftrightarrow H,$$

其中，$H$ 代表和谐（Hexie 即 Harmonious）。数学符号$\Leftrightarrow$表示等价。$\delta$ 是变分符号。等价符号（$\Leftrightarrow$）前的变分方程是莫培督最小作用量原理的一种代表性表达式。式中，积分限为物质运动的起点和终点。

这一变分方程科学的表明：宇宙是一个和谐的世界，宇宙是和谐的，因此宇宙是美的，也是物质世界最高的美。宇宙和谐与美是可以用数学与物理学表达的，最小作用量原理就是一个精确的表达方式。

最小作用量原理是宇宙演化的根本，是宇宙生命力的所在、也是宇宙美的数理基础。这个方程式意味着，所有系统通过演化都能达到整体优化和美，人文系统也不例外。比如，生态系统与社会政治、经济、文化系统，在与环境相互作用下，以耗费最小的资源，取得最佳的效益，才能达到社会各系统结构功能优化。人类社会才可能演化到和谐社会，才可能达到最美的社会，这里最小作用量原理起着根本性的作用。

在人类社会系统中，用数理逻辑表达社会美是最深刻的方式，也是最有效的方式。因为通过这一方程可以计算、设计出最好、最美的事物，而人类社会只有通过改革开放才能达到这一理想的境界。

中国的改革也会遵循社会美的原则，设计出一个总体美的改革方案，达到和谐社会之美。

当代法国哲学家德里达讲过，宇宙的推动力是一种无始无终、无处不在的力量，这种力量造成差异的运动。这个“无处不在的力量”就是节能省时的力量，就是最小作用量原理。

上面我们论述的变分方程和相似分形的数学模型,证明了古希腊毕达哥拉斯及其学派的观点:数是宇宙的本原,宇宙处在数的和谐之中,数是物质的灵魂。宇宙是和谐的,因此美是和谐,和谐的宇宙是最高的美。这也证明了数学、物理、系统美学的和谐共生。回答了爱因斯坦、杨振宁的问题。

毕达哥拉斯及其学派认为,美是事物的均衡、对称、比例、秩序和黄金分割法。我们从变分方程看到,最小作用量原理既概括了事物的均衡、对称、比例、秩序和黄金分割法,也揭示了系统优化的动力。

比如,人是宇宙数百亿年演化生成的硕果。从人的数学比例、秩序、对称、均衡方面看,人是无数个黄金分割值构成的。简单地讲,人肚脐以上的半身与肚脐以下的半身,肚脐是一个最基本的黄金分割点。只要符合黄金分割结构的身体,看上去都是匀称、英俊、美丽,都会令人感到愉悦、振奋和羡慕。

从物理学与力学上讲,这种体态的人种,一定是最优、节能、高效型的。从美学上讲,这是典型的自然美！人的裸体所以美,美在最小作用量、美在黄金分割法、美在和谐与优化、美在人体的奇妙结构。精美的造型是艺术创作的永恒源泉,是合规律性(宇宙的规律)、合目的性(宇宙的终极性)的融合。

梁启超提出的,“真即是美,真才是美”,就是这个意思。

美与时间一样,在宇宙奇点已铭刻在物质之中。

如果宇宙有发言人,他一定会讲:美就是我,我就是美！美是系统,系统是美。客观科学地讲:美就是自身,物质宇宙就是美的本原。数学是美的精髓,这些都证明了古希腊人的思想科学性,最小作用量原理是物质宇宙的核心与动力。

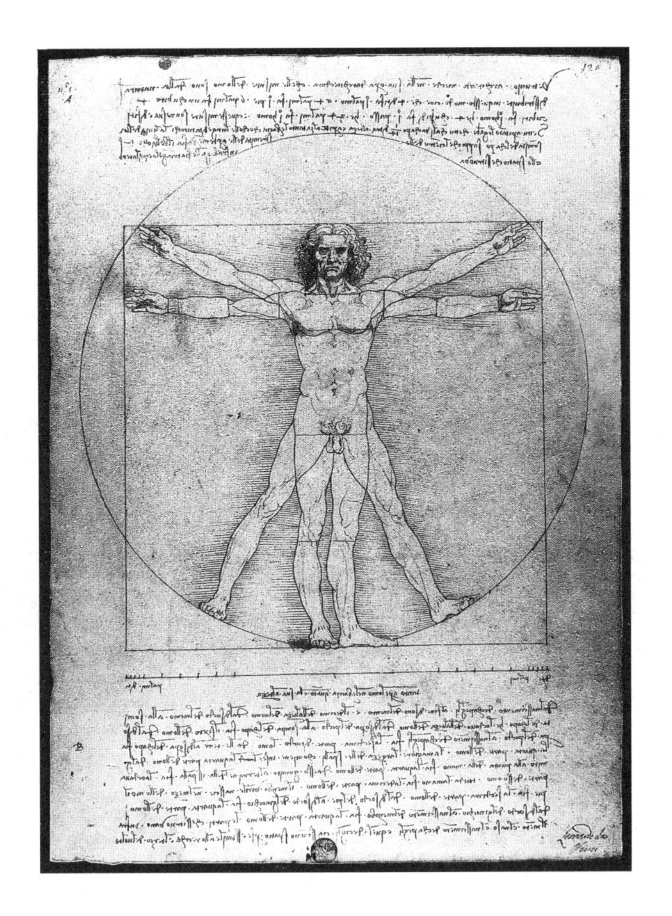

杰出物理学家爱因斯坦讲:真正投身科学事业的人,是对自然、和谐与美的追求。

在现实生活中,这种现实美或自然美与艺术美、设计美与数理原理高度融合的事物比比皆是。

如米开朗基罗的"大卫",是以解剖学为基础而塑制的,体现了"神的比例"与人体力学,表现了静止、放松状态下的张力,显得十分自信。坚定与正义的气质,是对人的赞美和对人的非凡力量的歌颂。一个人需要"自救",但是一代人更需要"自救","大卫"正是文艺复兴"自救"时代的象征。米开朗基罗成为"自救"的文艺复兴时代的

英雄。

《米洛岛的维纳斯》表现了人的“纯粹的美”，完全是一个解剖学、力学、“神的比例”的凝聚与展现，是爱与美的最高结合。

身体重心落在右脚，从而形成的旋转运动及其协调，和体态的宁静构成了女神的灵魂，是真、善、美的高度融合。

意大利人达·芬奇的《蒙娜丽莎》，它的构图比例完全是按照“黄金分割法”绘制成的，它是人类艺术史上不朽之作。是达·芬奇描绘出的最神秘的肖像作品。

蒙娜丽莎表现出那郁郁寡欢中的一丝微笑，给人以无限的遐想，这一丝微笑成为了千古之谜。无怪乎达·芬奇把绘画看成是与哲学、科学和数学的集合体。

从人的内部结构看去:血管的树状分形,细胞与血管的距离不会超过3—4个细胞,它比我们城市的交通设计与管理好多了,真是无法比拟。人的肺以最大的面积,占最小的空间而形成,这是最节约、最有效的存在方式及功能效率。

分子遗传学中的DNA双螺旋结构与黄金分割法也存在关系。双螺旋结构无论从侧面与正面看去,都是美丽的。① 用投影几何的方法,把双螺旋和横杠与五星联系起来,不仅揭示出自然美,还展现出了数理美与自然美相结合形成的现实美;同时也显现出了“神的比例”与DNA的关系。

它说明“神的比例”在各种基因中早已存在,并与生命遗传物质联系在一起,这也说明了“和谐之美”无处不在,美就在物质的进化、演化之中,美就是生命,生命就是美。

古希腊人认为,世界是一个完美的生物,活的有机体。心灵的优美与身体的优美和谐一致,融成一个整体;它与上面阐述的思想完全一致。

古希腊的巴特农神庙,它的垂直线与水平线的关系,符合“神的比例”。古代建筑大师柯布西埃,根据“神的比例”提出了“设计基本

① 参见杨辛、甘霖等:《美学原理》,北京大学出版社2010年版,第352页。

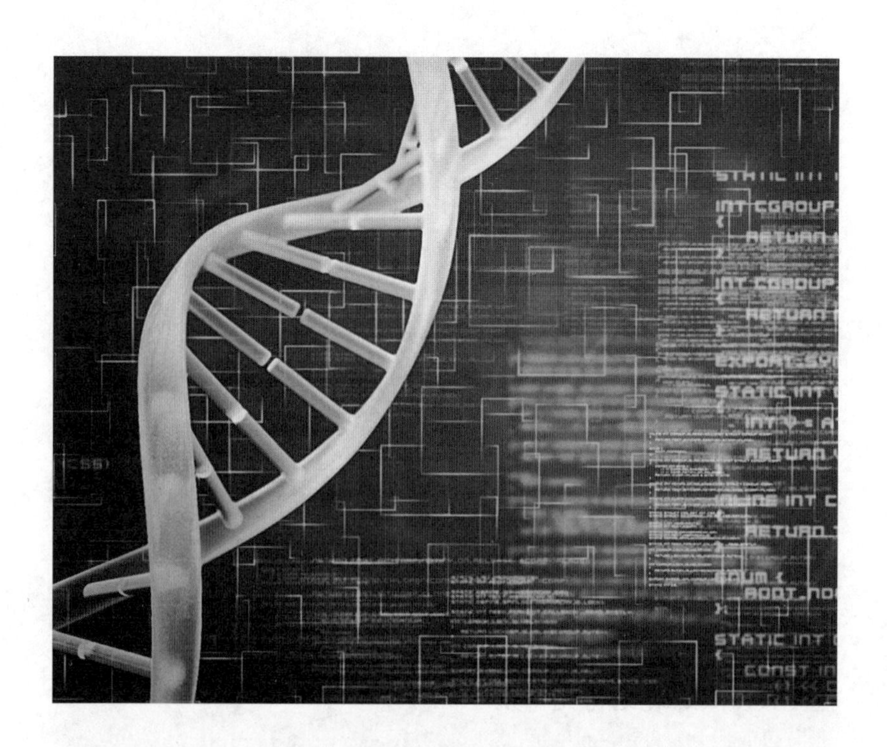
INT CGROUP
RETURN
INT CGROUP
RETURN
STATIC INT
RETURN
RETURN
STATIC INT

尺度”的理论，这一理论对世界建筑界产生了深远的影响。

普遍应用“神的比例”与最小作用量原理去设计军器，一方面消耗材料最少，而且速度最快。从马刀锋刃的弧度到子弹、炮弹、弹道导弹沿弹道飞行的顶点，再到补给线的长短与战争转折点的关系等①，都体现了最小作用量原理与美学原理。如钢笔、铅笔等，取什么样的外形长、宽、厚最美，实验结果证明：还是用0.618的方法结果是最美的。战场上最完美、最安全的战法是最小的风险、最小的伤亡、最大的安全，这是战法的根本。

又如，风吹过的沙漠，形成了波浪起伏的沙坡、沙丘、沙纹。从美学上看是一种状态美、放飞美、空旷美。但为什么会是这样呢？风与沙的相互作用，大自然的风采取了最小阻力的方向行进，采用最小作

① 参见乔良、王湘穗：《超限战》，解放军文艺出版社1999年版，第167页。

用量原理的机理通过了沙漠。

同样的道理,海洋波浪的形成、海岸线弯曲的状态、山脉的柳叶形态、闪电的激发、雪花、星系、云彩,生物学上的重演现象、生物的全息现象、植物枝叶成长的近似与挺拔、花木的成长等,最小作用量原理起作用的同时,也都展现出了自然美的极致。

伽利略在1630年提出的问题,一个质点在重力作用下,从一个给定点到不在它垂直下方的另一点,如果不计算摩擦力,问沿什么曲线滑下,所需时间最短?后来科学家们通过变分原理证明了最速降线为摆线。为什么是摆线?因为阻力最小,看上去是曲线还很美。

这些都在最小作用量的作用下,成就了大自然的美;植物生长的美、下雨闪电之美、水滴之美,这种例子非常多,大自然每一个层次的涌现都是极美的自然美。

我国有许多有名的风景,泰山的雄伟、华山的险峻、峨眉山的秀丽、内蒙古大草原的辽阔无垠,还有世界第一高峰喜马拉雅山的珠穆朗玛峰，它的高险、雄鼎，有天下第一的不凡。它是地球几大板块挤压下，平衡各板块释放的巨大张力而升高，一方面平衡了各板块的冲击力，另一方面它符合最小作用量原理，采取了从最小阻力的地方崛起，彰显大自然造山运动的奇迹与大自然的高超的理性。

## 四、最小作用量原理与系统美学的反熵效应

最小作用量原理作为自然科学、社会科学中一条最基本、最重要的原理，贯穿于宇宙演变、自然进化、社会发展的整个过程中，它揭示了自然与社会最朴实的规律，同时也彰显了层级化美的过程。

科学研究中追求理论简单性、统一性和对称性是永恒的主题。科学家对理论简单性、统一性和对称性的热忱永未衰退，试图找到一

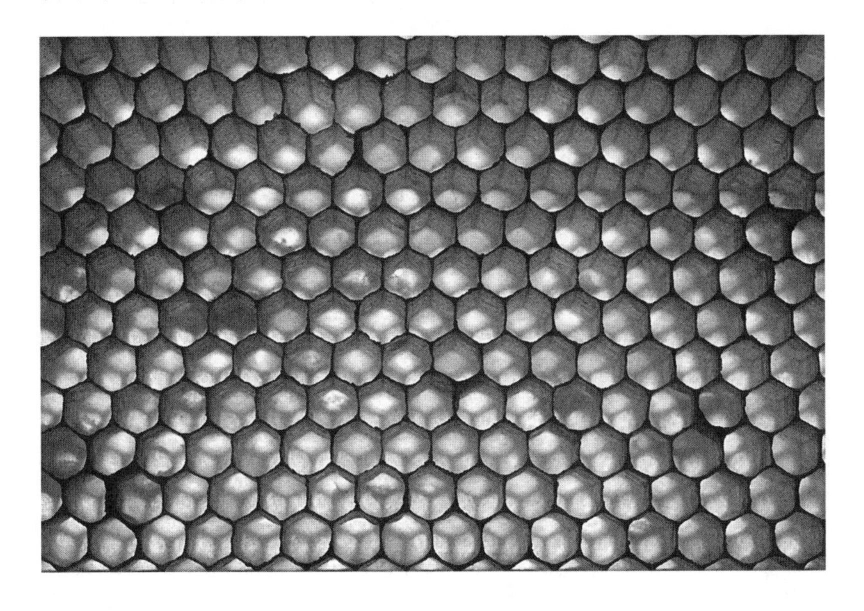

个普遍的原理来揭示自然界的规律。在科学研究的历程中，证明最小作用量原理是最具简单性、统一性和对称性为整体的普适性法则。

最小作用量原理在自然科学领域概括为："自然界总是通过最简单的方法产生作用的。如果一个物体必须没有任何阻碍地从这一点到另一点——自然界就利用最短的途径和最快的速度来引导它"；在社会科学领域我描述为："凡是符合'最小作用量原理'的物质和系统都是和谐的"。这个原理的核心是通过最简约的途径使自然界的演变状态变得井然有序，使社会系统变得和谐高效。

而多样性统一是系统美的哲学基础，正是多样性统一可以使人在缤纷多彩中感受到理性化，认识到最小作用量原理与系统美具有关联性、同根性。

它们的本质都是让人们了解整个世界的和谐、简单、理性，透过漫无头绪的各种事件寻找其中的规律，它们都具有反熵性。

熵是表示物体和系统热状态的量，表示自由能。这种能越低，熵的水平越高。熵最大时表示任何能的转变都不能发生，也就是说没有自由能量。每个封闭系统都要向最大熵值的状态转变，这是一种没有任何能差的平衡状态，也就是所谓的静止平衡状态。从这点出发，熵可以定义为混乱程度的度量。这种导致混乱的趋势相反的倾向都具有反熵效应。但只有那些开放的、动态的、非线性高组织化系统才能与熵的变化规律相反。

熵总是在增量，是不可逆的，因此，熵如同时间一样，总是朝一个方向变化，总是朝着美的层级化的相反方向发展。

美学鉴赏引导人们感受、欣赏自然领域、社会领域和谐的图景之美。最小作用量原理启迪人们发现、揭示那些自然科学领域、社会科学领域有序的自然之美、现实之美。

系统美体现的是反熵的表征,最小作用量原理揭示反熵的本质。

美是一种秩序,这种秩序的存在与无秩序的熵正是一种对抗的运动过程,此消彼长。因此,无秩序的地方与事物谈不上美,比如动乱与战争。

最小作用量原理融合着真善美,是真善美的统一。求真、唯美、至善是人类发展的崇高目标,也是系统美学追求的终极目标。

最小作用量原理是自然界、社会领域遵循的最优化法则,系统美

学是自然科界、社会领域最优化法则的显现和映射。最小作用量原理与系统美学一脉相承。

自然在自组织演化过程中自我产生一种力量、一种创造力与张力,它是符合最小作用量原理的。这也证明了恩格斯的一句话:“自然界是有理性的。”它的理性在于自然界本身,而不是自然界本身之外;同时它具有彻底的反熵性质。

因为《系统哲学之数学原理》一书中已经证明,最小熵产生原理在一定条件下等价于最小作用量原理。也就是说,最小作用量原理和最小熵产生原理相一致。

# 第六章　美学的定义及美感

从1750年以来，德国哲学家鲍姆嘉登把美学定义为感性学起，美的本质，一直是美学争论的根本。这个争论持续了数百年没有定论，显示出了传统黑格尔认识论的二元困境（即现象与本质，本质世界与现象世界）。其实我们可以用系统哲学的差异和谐（协同）和整体优化理论，来说明艺术及美的本质问题。只不过需要转换一个方法、改变一个视角，美学的根本问题就会迎刃而解了。这也符合当代的时尚互联网思维。

## 一、关于美的本质与定义

柏拉图是在西方美学史上最早研究美学问题的人。但是他的"美是理式"的提法，并没有解决美的本质问题，恰恰是给后人留下许多想象的空间。正像李泽厚讲的，柏拉图希望找出一个"美的理式"，把这个"理式"灌注到事物中，事物就成为美的。

柏拉图认为“美的本质是美的理式”,“美的理式”就是“美的本身”,“美的理式”是美的事物创造者,美本身是永恒的、是绝对的。他把美的理念绝对化,否认美的客观性质。他还断之:美不是恰当,美不是有用,美不是善,他认为“理式”与事物是两类不同的存在。

“理式”是柏拉图美学思想的核心,理式高于事物。这是典型的唯理念论,显然是不科学的,但在那个时代提出“理式”的范畴,是一个重要的进步。

真善美的统一是柏拉图的美学基础,他在《理想国》一书中设计了一个真善美的统一体,他的“理式”思想及一系列的论述,对全世界的美学理论产生了极其深远的影响。没有柏拉图的“理式”,也就没有后来的各种思想和理论及许多流派的发展。

柏拉图的“迷狂论”也同样地影响了后代的思想。我们当代的“荒诞派”、“尼采的理念”等等都渊源于此。

古希腊哲学家亚里士多德的美学是以“四因论”为基石的美学,他批判了老师柏拉图的观点,认为“理式”或“形式”是“一般”在“个别”之中,脱离事物的“理式”和“美本身”是不存在的。亚里士多德认为:美在事物本身之中,在“秩序”、“匀称”与“明确”之中。肯定了美在事物的形式、比例之中。他坚持了希腊的朴素物质主义,否定了理念主义(即所谓的唯心主义)。在以后的艺术实践中产生了很大的影响。

中世纪的哲学家、美学家奥古斯丁和托马斯·阿奎那等,他们的美学思想并没有超过古希腊的美学。托马斯·阿奎那认为:完整、和谐、鲜明即为美。

文艺复兴时期的美学是人本主义的,肯定了尘世的美。

达·芬奇认为美存在于现实生活之中,是可以感到与认识的事物,他的思想完全符合近代的系统科学与系统哲学的观点。人体是由无数个 0.618 即“神的比例”构成的,我在《系统哲学之数学原理》中做了充分的证明。不仅仅是人,世界上的所有事物,在自组织演化发展过程中,都是能用分形原理和数学生长模型去描述的,这是一个很重要的发展。

达·芬奇认为,美感完全建立在各部分之间的神圣比例上,整体的每一部分都和整体成比例,人体的比例应该符合数学的原则,在自然界中,人体是最完美的事物。

这里我补充一句,人体不仅仅符合数学法则,也符合物理学中的力学原则。人体的结构完全符合“最小作用量原理”的要求:即节能、高效、省时。

达·芬奇的作品《蒙娜丽莎》是他艺术科学成就最深刻的写照,这幅作品极有趣味,它与圣像上呆板、僵硬、冷漠的人物形成了鲜明的对比。

德国启蒙时期的哲学家鲍姆嘉通是把美学作为一个认识论提出来的,没有认识到自然美本身是一个本体论,是美的自然存在的问题,由自然美产生的其他美,如艺术美、设计美倒是认识论的问题。这个误导甚至影响了黑格尔等等一大批美学家,直到今天这种思想还大有人在。

康德在哲学和美学上是“哥白尼式的革命者”。他提出了:自然秩序的论证、道德秩序的论证以及二者协调关系的论证。也就是纯粹理性的批判(人的思想及认识,如同一律等)、实践理性的批判(人的道德、道德律等)、判断力批判(人的情感、认识论与伦理学的结合成为一个整体)。也可以说,逻辑学(真)、伦理学(道德,善)、美学(情感)三者的统一。也是工具理性结构、实践理性结构与感情理性的结构的统一,也是真、善、美的一体化,知、意、情的一体化。康德认为:美是主观的,美是一种情感的判断,不是理智的。

黑格尔认为,美是理念的"感性显现",美的根源在于绝对精神。他认为真正的美是艺术美。他举例"哥特式建筑",说明美是一种精神的外化,是理念的感性显现。哥特式各种建筑形式、空间、形体、色彩、音响等等,都体现了宗教的生活、宗教的信仰、宗教的精神。黑格尔认为"美的生命在于显现",对艺术美来说,他的定义比较正面,但对于自然美来讲,这显然是不科学、不合理的。

黑格尔认为,美学研究的对象只能是艺术美,自然美只是对知觉者的意识存在,美是理念的感性显现。他关于美的本质的论述,体现了理性与感性的同一,理念的内容与感性的形式同一,但十分可惜缺乏最基本的说服力,没有说明艺术美的来源。他讲,美的生命在于显现,这样就体现了理念的能动性、主动性、创造性。最杰出的艺术本领就是想象,想象是创造性的。艺术美高于自然美,因为艺术美是"心灵产生和再生的美"。他的这种思想在当时是有一定进步作用的。

俄国哲学家、作家车尔尼雪夫斯基认为,美是研究一般的艺术规律。这个看法虽然忽视了自然美的存在,他的"美是生活"与"应当如此生活"等等观点,并没有说清楚什么是美,因为事物本身不一定都是美的。

英国画家与艺术理论家荷迦兹提出,蛇形线是最美的线条,能满足视角的美感,但曲线美是有条件的、相对的,不可能在任何条件下都是美的。

古希腊艺术家宙克西斯，要求集希腊美女之美的总和，描绘海伦之美。这是最早的典型化、普遍化塑造美的法则。

美国得克萨斯大学心理学教授朗洛瓦利用电脑图像合成技术，发现了美的标准人脸。这个实验表明，人们认识的人脸美，实际上是人脸的平均状态或常模，即人脸多种特性的集合，这相当于各种脸的一种美的集合，一种普遍性的美的典型化。这种平均状态典型化正是表达了 0.618 与“最小作用量原理”的普遍性与其结构的内在性。

中国画家并不追求逼真与写实，只强调画家的个性气质，这是中国美学的重要特点。

魏晋之后，老子、庄子哲学大盛，中国艺术也真正地走向“无形有韵”，达到“神似”、“意似”的境界。所谓的“阳刚之美”、“阴柔之美”的画是铺垫上了“无形有韵”的神似底色。如北宋皇家画院在选拔人才时，用的都是唐诗里的诗句为试题，如“野水无人渡，孤舟尽自横”。南宋画派也以“夫其自然”为主，追求“淡”的风格，即“初发芙蓉”的画法。北宋画派崇尚“精”，即“错彩镂金”的画法。这两大派的思想基础,一派是儒家崇尚的“和”,另一派的基础是道家的美学,追求“奇”、“怪”。

楚辞、汉赋、六朝骈文都是“错彩镂金”之美,但王羲之的书法,李白、苏东坡的诗词,却都是“初发芙蓉”、自然可爱、平淡洒脱。为什么自魏晋时期以来,中国哲学、美学会出现重要的转折呢?

根据樊树志的《国史概要》的观点,主要是因为汉朝的经学,一失于迷信的谶纬,二失于烦琐的传注,三失于经生墨守家法,只以师传之说为是。三者的共性是拘泥、僵化、教条。经学化的儒教作为一种社会规范,在动乱时代适用的范围是极其有限的。当时的人们想借助道家老庄的思想,使自己回归大自然,摆脱现实的纷争。于是出现了儒道合一,形成了一个特殊的魏晋时代的“玄学”,使用道家的“无”即自然主义。反映在哲学、文学、美学方面,即如建安文风,要求文章简约、立意严明、随心所欲、自然成篇。在绘画中的“形”与“神”的关系等等。

在大传统中,以李白的“清水出芙蓉,天然去雕饰”为主。在小传统中(民间艺术),仍崇尚“错彩镂金”之风;如皇家建筑、服饰等。社会不同的群体,产生了不同的需求。

格式塔美学的创立者、心理学家鲁道夫·阿恩海姆在《艺术与视知觉》一书中讲:事物的运动或形态结构本身,与人的心理、生理结构有某种同构对映效应,即用主客体的同构解释美的来源与性质。

实际上这是分形理论中的事物相似性生长演化的现象,一切事物在生长过程中都是相似而生成演化,因此同一层次与下一层次都具有相似性的特征。层次越近相似性越强,物质是这样,思想也是这样。

人类也依照美的规律来造型,这个规律就是事物生长的数学模型。

从主客观统一派的境界说,到现代著名美学家朱光潜的主观意识与客观自然的相互作用,以及李泽厚教授的主观实践与客观现实的交互作用对美的定义,中国美学史和外国美学史在美与美感的争论上都没有说明白。美到底是什么?验证了亚里士多德的一句话,美是难的,难就在于难以说明白,美是什么?什么是美?

因此有人讲,美是相对的,因人而异哪有客观标准呢?美的现象、形态极多,凡物皆有,变化奇多都是美。阴柔之美、阳刚之美都是美。这样多种多样的美,也就没有必要去研究美了,从古到今持类似观点的人很多。

有些学者认为,美学是由德国的美学哲学、英国的心理学、法国的文艺批评理论组合而成。当然,这只是表面看问题,没有看到问题的实质。

我国当代美学家、教育家朱光潜先生认为:美是主客观辩证统一的;认为美即不是主观的,也不是客观的,而是主客观的统一、自然与社会的统一。他举了梅花的例子,认为梅花的形象及其美,都产生于克罗其讲的"直觉",是一种单纯的美学观点。他学习了马列主义后认为:自然物的梅花只是美的条件。梅花美不在梅花本身,只是这种感觉(直觉)在人的主观意识中,艺术加工形成了梅花的形象,这才是主客观统一的、审美意义上的美。

在这里,朱光潜先生否认了梅花的物质形态上的美,也就是否认了梅花的物质性,掉进了理念主义的泥坑中(即唯心主义的泥坑中)。梅花的自然美,是物质形态、结构上的美。没有人类的"直觉”,梅花的自然美仍然会存在,人们的功能无非是发现了它的美而已。正如科学家发现了自然定律一样,自然定律本身是客观的存在。

他还讲,梅花的美只是人意识中加工所得,这与黑格尔的理念主义(即常说的唯心主义)有什么区别呢?认为梅花美的物质性是人意念的产物,当然是不符合事实的。我们在前章里面已经做了证明:美与系统、物质是同一层次的概念。美是铭刻在物质之中、系统之中的节能、省时的表征,是最小作用量原理的表征。

朱先生以前认为“梅花”的美产生渊源于克罗其讲的“直觉”,后来朱先生从“直觉”的认识提高到了“自然物的梅花只是美的条件”的水平上。但是朱先生不承认美的物质性是一贯的,这种观点是难以令人理解的,而持有这一种观点的人,与认为自然美本身是人的意念的反映或“显现”的人,两者比较起来持后一种观点的更多。这就是柏拉图、康德、黑格尔、尼采、克罗其理念主义的翻版。

美是主客观的统一,是朱先生晚年美学的核心。也就是“人化的自然”与“人的对象化”的相互推进。这种观点在中外美学理论中占有很大分量,但很可惜它是理念主义的产物(即唯心主义的),不是科学主义的产物。

过去朱先生宣传的“直觉说”、“距离说”、“移情说”,到现在的“主客观统一”,都没谈到美的核心问题上。

比如《巴黎圣母院》中聋哑奇丑的敲钟人,遇到另一位能歌善舞的吉卜赛女郎,这位女郎给这位敲钟人的“直觉”就是女郎很美;这个敲钟人的“直觉”不需要理念的加工,它是天然的、诚实的、圣洁的一种外表美。它首先是物质的,然后才是理念的,而从根本上讲它是物质的,首先它符合黄金比例构建的力学原理,才可能产生美、产生自然美。敲钟人的“直觉”是仅仅发现了女郎的自然美。

在《巴黎圣母院》电影中，女郎的自然美、物质美，不需要理念的加工，她是最小作用量原理的体现。剧中，自然丑的敲钟人演化成艺术上的心灵美、道德美、人格美。两个角色让观众感受到了崇高与伟大的效果，因为女郎本来就是美的。

自然的美与丑与艺术的美与丑，是两个不同层次、不同内涵的问题，不能混为一谈。“人的本位主义”造成了“人是万物之灵”、“人是世界一切事物的标准”这样片面主义的思维方法。

李泽厚讲，中国古典美学的范畴、规律、原则都是功能性的，它们作为矛盾结构，强调的是对立面的渗透与协调，而不是对立面的排斥与冲突。

我想李泽厚的看法对了一半，即矛盾的对立与协调，而不是矛盾的排斥与冲突。但是中国美学不仅仅是“矛盾结构”，还有另外一种。如郑板桥“眼中的竹”经过“胸中的竹”到“手中的竹”，就是三级结构，是三个要素的结构。而三个要素的结构是符合现代艺术规律的，符合多元化、多样性的要求，也符合系统思想的方法论。

李泽厚认为，美是合规律性与合目的性的统一，他的主体性实践哲学认为，自由（人的本质）与自由的形式（美的本质）并不是天赐的，也不是自然存在的，是自己建立起来的客观力量和行动。他在这里忘记了，人也是自然演化的产物，人体美也是自然演化的产物。

李泽厚说，人类社会总体的历史实践，这种本质力量创造了美。他认为，就美的本质来说，自然是美学的难题。他的这两句话明显前后不一致。人类社会的本质只能创造艺术美、设计美，绝对创造不了自然美，自然美是宇宙演化的必然硕果。比如人、地球与天体。李泽厚认为,没有人类的形式美,自然美是不存在的,自然美都是人类历史的产物。这句话正好颠倒了生活中形式美与自然美的关系。

其实,人类社会是大自然的产物,是宇宙演化的产物。它们之间当然有相似性,无怪乎自然演化涌现出的优化事物(美化)。人们认为它们是美的,这是我们上面说到的是分形原理的一个特征。

李泽厚教授的另一些提法:移情说、距离说、游戏说,都是值得商榷的提法。

美是什么(即优化是什么)? 美是宇宙演化的产物,事物演化到优化的层次后,美就是这个层次化的极致。人类社会也是宇宙演化的产物,人类社会逐渐了解、认识到了优化的事物(即美化的事物),认识到了美和优化的事物(美化的事物),它是事物存在的本体论。人类社会认识到自然美存在后,才开始创造艺术美和设计美,这是认识优化事物的认识论与过程论,是人类本身的一个进步。

在哥白尼之前,人类的认识以为太阳绕着地球转,人类是宇宙的

中心，而人类又绕着上帝、教皇转，才产生了认为美是人的主观意识的产物，认为上帝是最高、最大的美。那是必然的一种历史现象。现在系统科学、系统哲学出现后，再有这样的理念，令人无法理解和想象。

优化的形式、优化的事物（美的形式、美的事物），自然美的演化同物质事物的演化，是联系在一起的。

在本书序言中我们讲到，自然开始的地方，也是美开始的地方。

目前，还有一种倾向认为，美学主要研究美感、艺术美、设计美，似乎对自然美（纯粹的美）没有兴趣。我觉得十分奇怪，没有自然美，哪有艺术美、设计美呢？

美学是应该研究一般美，其中包括自然美、艺术美、设计美及美感的科学，当然美学现在还在成长、发展的阶段，还在不断完善。但是，如果没有美，还有世界吗？如果没有美，还有繁荣的社会吗？如果没有美，还有人的思维、想象力、创造力吗？美是一切的基础，正如物质与思维一样，没有了它们还有世界吗？

在特殊年代中，美被等同于“修正主义”，人们不仅是谈美色变，而且像讽刺、幽默、相声、漫画、喜剧等都被取消了。当时社会上出现了美与丑不分，甚至美与丑相互颠倒的现象。这是历史上的一段悲剧。按马克思的观点，悲剧过后应该是喜剧。

关于马克思的“人的本质力量对象化”或“自然的人化”的观点，我们应该理解“人的本质力量”是指人的演化进步的力量，也就是节能、省时、自然演化的张力，它就是最小作用量，这正是人存在的本质力量。

那么美是什么？美是存在吗？美是一种力量吗？美是本体吗？

美是自然演化而生成的涌现吗？美是优化的系统吗？答案应该是肯定的。

美是一种演化的存在、客观自然的存在，是一种涌现性的存在。它有层次性、结构性、动态性。它的内核是“最小作用量原理”。

美的本质已描述了两千多年，设下的定义有数百种，但没有一个定义是大家满意的。主要的原因如下：

首先，正像古希腊思想家苏格拉底讲的：美是难的。难在于对象复杂、内容纷繁，从宇宙星球到人类社会，分布在各行各业、各个领域，每个事物都有美与不美的问题。

其次，我们研究的手段相对单一，主要是黑格尔两极结构的范式：现象与本质、形式与内涵的方法。而美是多样性的统一。总之，思维范式僵化，没有去探讨创新的方式。

最后，没有区分自然美与艺术美及设计美的不同，它们的来源不同、内涵不同，表现手法也应该不同。

## 二、美的层次性

简单地说，美的层次性分为自然美、艺术美、设计美三大类，自然美是美的源头。

我们在前面已经讨论到，美是最小作用量原理的外在显现和外在表征。它的核心是自然演化的内在张力、系统内部的一种动力，最原始的推力、驱动力。恩格斯讲：“自然是有理性的。”这个理性就是最小作用量，就是自然生存的本质力量；那么美就是这个理性力量的外在表现，这个力量的本质就是节能省时。

自然界、人类社会、人的思维最终的趋向是由节能、省时的途径演化、美化。这是自然界生存发展的最基本的需求。这样也使最小作用量成为自然界的宠儿。这一重要的发展演化形成的涌现特征，即美与自然的演化融合、美与自然规律的融合、美与自然和谐的共存，这是自然演化美的最重要特征和最根本的条件。这些我们已经做了数理证明。

这是系统美学最重要的内容，也是自然美涌现区别于艺术美、设计美的不同之处，也是三种美的不同本质。

艺术美正如黑格尔讲的，它是“理念的感情显现”，但这个“理

念”不是黑格尔的“绝对理念”与“绝对精神”，而是艺术理念、艺术思想，符合艺术规律的思维。

艺术美是人类艺术思想实践的自由创作。这是艺术美的“本体论”；没有艺术思想的自由表达，也不会有艺术，不会有任何艺术设计。但艺术思想必须符合我们提出的最根本的规律：多样性统一、多样性和谐，涌现的自然规律性与优化美化的趋向性、目的性。尤其是建筑设计、建筑艺术，没有力学的最小作用量原理做支撑指导，简单的平房也盖不起来。用“绝对理念”去指导建筑设计，那更是不可思议的怪异。在艺术美的世界里，想象空间最大、笔墨最少的恐怕要属抽象派的艺术、中国黑白素描绘画、漫画、动漫画，甚至超现代派的“标新立异、反传统”的绘画及艺术。至于这些艺术品被当代人及后代人如何评价，那是另外一回事了。

实际上这些艺术的生命力各有千秋，他们的立意表现也差别巨大，它们的社会影响、社会评价更难统一，但艺术美的本质不会改变，

它是科学的规律的艺术理念的自由创造、是自然美理念化的思维再创造。

## 三、美感(审美经验、审美意识、审美鉴赏、审美判断)

人们欣赏美,因为美是自由创造的云端。

人们喜欢美,因为美是自由创造的结晶与奇葩,它带来的是愉悦。

人们热爱美,是因为赏心悦目、心旷神怡、潜移默化的感受及升华。

美感,首先是精神上的愉悦,美感的功利性蕴涵在喜悦与愉快之中。

美感的本质是创造力的自由展现,是自由心灵的激荡,是多样性的和谐,是最小作用量原理的实践(如绘画、诗歌、漫画等),是用最少的笔墨勾勒出最大想象力、创造力的空间。

美感就是审美主体与审美对象在实践上的自由再创造。是审美主体的审美意识、审美爱好、审美趣味、审美现象、审美标准与审美对象平等交流和对话,是审美主体与审美对象之间相互作用的自由再创造。

法国科学哲学家彭加勒讲:发明就是选择,选择不可避免地要由科学上的美感所支配。因此,美感对于发明创新有何等重大的作用!

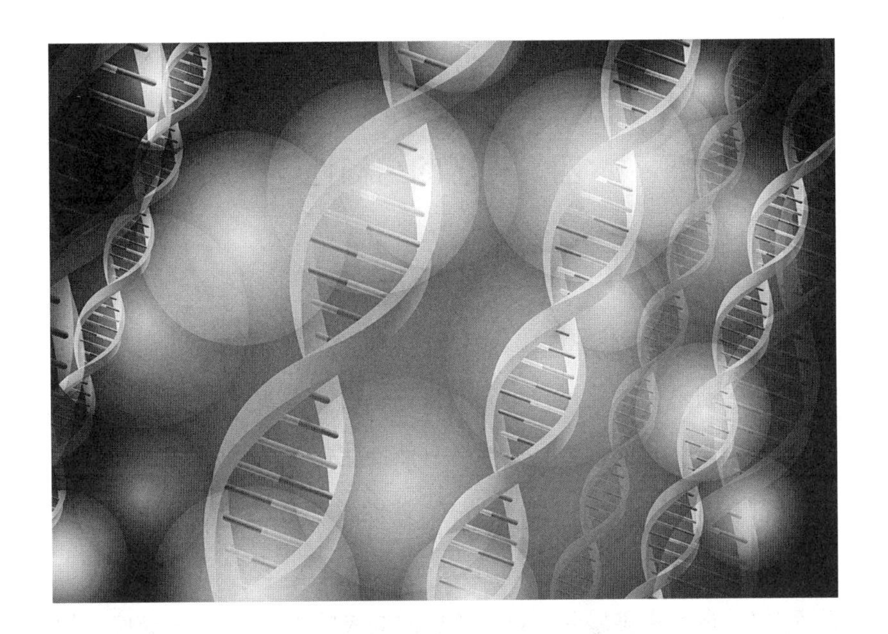

美就是真，真就是美；美感是科学家灵感的源泉。

1953 年，华生与克里克共同提出了 DNA 双螺旋结构，他们认为 DNA 应该有简洁、和谐、美的结构。他们否定了原来的一种不美、不和谐的模式，而确定了我们所见到的舒展自如的和谐美的结构。而《美学原理》的作者又进一步展现了黄金分割法与 DNA 结构的关系，说明自然美根植于生命之中、生命之初、生命本原。它不是“非生之物”，它是“有生之物”与“自在之物”。

彭加勒还讲道，缺失美感的人，永远不会成为真正的创造者。彭加勒把难以言喻的美作为科学理论的完满标准。

蔡元培先生提出，以美感教育代替宗教。我们推行的应试教育，加速开发左脑，使人处于紧张状态加速衰老，成为缺失文艺修养的“残疾人”，使右脑的感情发展大大滞后。因此，美的教育十分重要，我们在这方面太缺乏了。

# 四、美感的结构性

美感的结构与渊源主要来自三个方面:

其一,自然界演化过程中的涌现(优化)。这是自然美的产生源泉,是自然美优化的过程。为什么自然演化出来的涌现(优化)就是美的?因为人类只有在对象世界中,才能发现自己、肯定自己、陶醉自己,才能鉴赏自己的自由创造,进而重塑自己、发展自己。灵感由此而产生,成为审美感受。审美美感的终极阶段,也是人们最愉悦的阶段,既是灵感的涌现,也可以讲是涌现的目的因。

其二,自然界的理性张力(即最小作用量),比如我们的绘画、诗歌、音乐、戏剧等等,都是用最小作用量(最少的笔墨、最小的有限空

间、最低的成本)表现无限的空间、无穷的想象力、无限制的思想与感情,能够做到这一点,这个作品就能超越时空,成为传世之品,这可以称为动力要素或动力因。

其三,多样性的和谐。最有代表性的就是地球生态链,称为"地球黄金线"、"生产率金字塔"。在这样条件下,整个生物链是有序的、稳定的,是和谐统一的,类似的链还有很多,即多元性要素的和谐统一。比如,各种守恒定律是自然界中统一和谐的表征。音乐中的旋律、节奏、节拍、调式、调性、和声、复调、曲式等等,多样性统一的和谐。比如,德国哲学家谢林讲:建筑是凝固的音乐。后来的音乐理论

家豪普德曼讲:音乐是流动的建筑。可见二者的相似性、统一性、和谐性。这个相似性主要表现在旋律、节奏、韵律、复现与和声,虽然流派纷呈、主张之奇、变化之快,令人目不暇接,但它是多样性的和谐。

格式塔心理学家阿恩海姆认为:建筑与音乐一样,表现出抽象的情感,打动、震撼人心,主要原因是"力的模式",即"大脑力场"的结构与建筑物的"力的结构"模式是相似的,甚至是相同的。我们现在可以毫不怀疑地讲,力的模式就是"最小作用量原理"。因此这个"力的模式"是相同的,它是宇宙演化的动力,也是美的核心力量。

建筑的要素有外表、体型、体量、群体、空间、环境等，建筑的美感就是由这几种要素构成的。梁思成讲，在“诗意”和“画意”之外，还使他感到“建筑意”的愉快。乐器也是多种组合，乐队也有多种类型，色彩也是多种颜色中的和谐统一，诗歌中也有四声的和谐统一等等。所有的艺术品都呈现了这一特征。

这三个特征，都是互相依存、互相协调组成一个美感的世界。它也是美的规律的主要精髓，类似于亚里士多德所讲的质料因。

## 五、美感的层次性

美感的第一阶段是视觉、听觉、味觉、触觉，组成感觉。它们之间互相补充，互相完善协调，达到一种模糊、破碎的感觉；或者可以说是直感，感受到一个有形、无形的美感。

美感的第二阶段是知感，是第一阶段的升华及拉高，审美对象已形成一个比较清晰的理性系统整体。

美感的第三阶段是情感(包括联想、想象、狂幻)。美感的情感不同于伦理情感、智慧情感、友爱情感,它是三者的和谐统一。

美感的最高阶段是灵感、遐想、顿悟。灵感是直感、知感、情感的结晶,还是新一轮创造的开始。

美感到灵感,再从灵感到美感,这是艺术美学与设计美学的根本规律,它们一次比一次循环更快、更高级、更壮丽,最终达到大美的境界,一种崇高的天境。现在传承下来的经典之作,都有此特征。

人们一代一代的欣赏美、传承美、创造美,愉悦奋进。代代传承下去,为什么是美的、美是什么、美怎么能成为永恒?这是根本原因。美的力量也在于此。

# 第七章　自 然 美

大自然的蔚蓝天空、初升的红日、瑰丽的夕阳、朝霞的绚丽、月光的清澈、悬崖上的瀑布、茫茫的草原、波涛滚滚的大海、高峻险拔的山峰、弯弯曲曲的河流等等天体之美、自然之美、地貌之美,这都是外在美、形式美、功能美,都是结构美的外化。

# 一、自然美是事物本身固有的属性

例如,事物的均衡对称、颜色鲜艳调和、对比适当,节奏、韵律多样和谐统一等,都是自然美的固有属性。

一条小溪、一个小星星、一片白云、一片绿叶、一滴水、一朵小花不是都很美吗?她们都是属于自然美。

## (一)地貌之美

**珠穆朗玛峰**。如同地球上的一切,它属于自然形成。它有稀薄

的空气和令人眩晕的高度，是地球上最接近天穹的山峰，高度为8844.43 米，这个高度足以唤起世人的巨大敬意和无限的崇拜，它美在崇高、神秘和卓越，它加深了人们对于自然的神圣感和敬畏。

**冈仁波齐峰**。它是多个宗教中的神山，被称为“众山之主”。它是钝圆金字塔形的大雪山，山势高耸而雄伟，顶峰上的积雪在阳光的折射下，散发出熠熠的光芒，好似加冕的佛冠。

它在印度教和佛教中有“世界之心”的传说。甚至被本教奉为最高的坛城。络绎不绝的朝觐者来自四面八方，按照自己的教义，各行其是的进行朝拜。藏族人以“磕长头”和“转山”表达最虔诚的礼拜。在这里的宝矿将只剩下蓝天、白云、高山与神圣。

**黄山三大主峰**。徐霞客曾讲：“五岳归来不看山，黄山归来不看

岳。"黄山故称"黟山",传说是黄帝得道升天之地,唐玄宗赐名为黄山。黄山以奇松、怪石、云海、温泉、冬雪"五绝"著称于世,共有七十二峰,其中三座险峻秀丽的山峰挺立中央、气势磅礴,莲花峰风景殊胜,光明顶气势雄浑,天都峰奇岩为途、令人惊艳。

黄山自古就有"黄海"之称,指的是山峰与云雾相互生辉、气象万千,有似海非海的感觉;奇峰怪石和古松隐现云海之中,可以领略"海到尽头天是岸,山登绝顶我为峰"之境地。因此,黄山拥有"天下第一奇山"之称。

它的综合之美在唐宋诗词中就有"三十六峰高插天,瑶台琼宇

贮神仙”之说，它凝聚了人们所有的幻想：巍峨、神奇、俊秀、妩媚、阳刚等，这就是黄山的魅力。

**泰山**。它一直有“五岳独尊”的美誉，气势雄伟磅礴，拥有交横重叠的山势，堆叠厚重的形体，辅以苍松、巨石和环绕的烟云，形成了肃穆与奇秀交织的雄壮景象。

游人来到泰山，可以仰视它的雄伟，表达对大自然的敬畏；同时细细体会古代神话传说，从心底产生对泰山的仰慕与崇拜。登上泰山玉皇顶放眼四周，马上会想起如杜甫“会当凌绝顶，一览众山小”的诗句，让人思绪万千。

**华山**。又称西岳，为五岳之一。它群峰挺秀、山体倚天拔地，四面如削，被誉为“华山天下险”。华山还是道教圣地，为道家“第四洞

天”之说。

华山之险居五岳之首，登华山要凝神专注，不能向四周瞭望，尤其在攀爬长空栈道以及鹞子翻身时，脚下踩实、手要拉紧扶链，这样才可以保证安全“洗尽尘世浮华”，进入一个“道可道，非常道”的世界。

**长江**。“江流天地外，山色有无中”、“无边落木萧萧下，不尽长江滚滚来”、“大江东去浪淘尽，千古风流人物”等等，表现的都是意境开阔、汹涌浩荡的长江，昼夜不舍，奔流不息，浪逐涛追，十分雄伟。

长江流域，资源丰富，物华天宝，得天独厚，是天然的鱼米之乡，可以说它是我们的生命之河；它孕育产生的长江文明、文化艺术，是我们吟唱着诗歌的河，这样的母亲河能不美吗？

**黄河**。在她身边耸立着数十个王朝的古都，这是中国的骄傲。由于黄河流经中国黄土高原地区，因此夹带了大量的泥沙，由于泥沙

淤积，黄河的下游河段，河床都高于流域内的城市、农田，全靠大堤约束，因而它又被称为“悬河”。开封人称“头顶黄河流，人在水下走”。

它和长江都是中华民族的母亲河，都是中华文明最主要的发源地，历代文人墨客同样给黄河留下了无数如灿烂星河般的赞美诗歌。最著名的如李白的诗句“君不见，黄河之水天上来”、“黄河远上白云端”、“黄河入海流”等等。黄河已成为中华民族的象征和符号。

最著名的景观有黄河壶口瀑布；最有代表性的文明符号有《黄河大合唱》，它自豪、苍凉、高亢，唱出了“是的，我们是黄河的儿女”。

**内蒙古呼伦贝尔大草原**。这里地域辽阔，风光旖旎，水草丰美，河流纵横交错，湖泊星罗棋布，被冠以“北疆碧玉”的美称。可以用“天苍苍，野茫茫。风吹草低见牛羊”来描述，它以辽阔、宽广、美丽、动人和神奇而令人向往，是中国最美的六大草原中的第一名。茫茫草原给人以生命与静远。夜晚繁星似顶，深幽的蓝天、白云、绿草及悠闲的牧群，仿佛到了远方的天国。

**锡林郭勒草原**。这里既有一望无际、空旷幽深的壮阔美，又有蓝天白云、绿草如茵、牧人策马的人与自然的和谐美，也是世界闻名的大草原之一。在苏尼特左旗有一处六百余幅的岩画群，称为洪格尔岩画，都是铜器时代的作品，已有四五千年的历史，保存比较完好，形象生动，栩栩如生，描绘了我国北方民族游牧、狩猎、祭祀等活动的历史场面，是世界岩画宝库中的宝贵财富。

草原上的元上都遗址，是当时世界上最著名的首都，经过马可波罗的描述更扬名全球。元上都所在的正蓝旗的蒙语被定为标准的蒙语；乌珠穆沁的羊肉是内蒙古最好的羊肉。锡林郭勒草原文化是蒙元文化最典型的代表。

**祁连山草原**。它被称为“黄金牧场”，这里山清水秀，风景如画，天高云淡，雪峰巍峨，广袤的草原和成群的牛羊交相辉映。

高山雪莲、蘑菇状的蚕缀和雪山草为祁连山雪线上的“岁寒三友”。由于地处高原，无霜期很短，这里的草每年只有两个月的疯长时间，天一暖瞬间草原就披上绿装，野花遍地。两个月后草籽剥落在地，清晨降下严霜，野草也度过了最好的时光，大地由绿色变成金色。

祁连山原为古代匈奴语，意为“天之山”，这个黄金草原当年就是匈奴人繁衍生息的地方。

**内蒙古贡格尔草原**。地处赤峰市克什克腾旗的西边，是一个集自然风光、民族风情、人文景观、名胜古迹与草原文化于一体的独特的旅游、观光胜地。这里水草丰美，风光秀丽，景色宜人，雄浑壮阔，草原如茵似毯，野生动植物繁多，河流过沼串泊，查干突河、贡格尔河绕贡格尔草原而过。河流与湖泊就像草原上的一串珍珠,最明亮的那颗就是“达里诺尔湖”,它被称为“百泉乐园”,也是草原上美丽的海。

**新疆伊犁那拉提草原**。这里自古以来就是著名的牧场,具有平展的河谷、高峻的山峰,深峡纵横、森林繁茂、草原舒展交相辉映。优美独特的草原风光与当地哈萨克民俗风情结合在一起,这里是哈萨克人魂牵梦绕与天地相接的地方。

**北国苍翠的大兴安岭森林**。这里是祖国最北端绵延千里的林带,原始森林茂密,是我国重要的林业基地之一。北起黑龙江畔,南至西拉木伦河上游谷地,东北—西南走向,覆盖着广袤无垠的森林,素有“绿色宝库”之美誉。主要树木有兴安落叶松、樟子松、红皮云

杉、白桦、蒙古栎、山杨等。

在大兴安岭东面是“黑土地”的松辽平原，大兴安岭的春天是最美、最有希望的季节，落叶松开始长出新绿的芽苞，红松由铁青转为翠绿，白桦、栎柳、山杨都换上了绿装。在山脚成片开放的是杜鹃花，当地人叫它达子香，它的香气与松脂的特殊气味融合，使人振奋、陶醉；达子香耐寒，是一种生命力顽强的灌木植物，朝鲜族称其为“金达莱”。

**西藏雅鲁藏布江大峡谷**。平均水深 2268 米，谷深达到 6009 米，是世界第一大峡谷；落差是每公里 5. 4 米；水的流速是每秒 16 米；水量充沛湍急、跌宕相连、气势恢宏、凶险有余、惊心动魄，是中国最大的淡水资源储蓄库，年降水量达 4500 毫米以上。大峡谷丰沛的水汽，高山与深谷，从冰山积雪到热带雨林，植物广泛的垂直分布，形成

了生物宝库。

**澜沧江梅里大峡谷**。全长150公里,开阔的幅度、淋漓的气势,是由深度与高度形成的,峡谷江面海拔2006米,左岸的梅里雪山卡瓦格博峰海拔6740米,不仅以谷深及长闻名,且以江流湍急而著称。在150公里的江面落差为504米,狭窄江面狂涛击岸,水声如雷,十分壮观。

如此陡峭的高山纵谷地形,实为举世罕见。峡谷中的山地森林垂直带自然景观,突出了大自然造化之美,它还是滇金丝猴等珍稀物种重要的自然保护区,同时也是昔日滇藏交通的"茶马古道"。

**壶口瀑布**。滚滚黄河水至此,300余米宽的洪流骤然被两岸所束缚,上宽下窄,在50米的落差中翻腾倾涌,声势如同从巨大无比的壶中倾出,造就了“悬壶注水”的胜景。滚滚黄河水倒悬倾注,如同奔马直下,波浪翻滚,惊涛怒吼,震声数里可闻。

中国古籍《书·禹贡》曰:“盖河漩涡,如一壶然”。在河水“投壶”的瀑布下面,由于水道狭窄,河水撞击岩石,会形成“水底冒烟”的迷人景色。破碎的波浪激起万千的小水珠,氤氲聚在空中,形成美丽缭绕的雾气,在阳光的折射下透出七彩的光芒,彩虹随波雾飞舞,景色奇丽。

**诺日朗瀑布**。中国最宽的瀑布,滔滔水流自诺日朗群海而来,经瀑布的顶部流下,如银河飞泻,跌宕成珠帘玉幕一片,横生的岩石像把剪刀,裁出一身合适的珠羽衣裳披在山崖上,让人的心思飞到了神话天国。

秋季的诺日朗瀑布才是最美的，山色变成红黄绿的颜色，瀑布紫烟缭绕，彩虹横挂山谷，景色壮观又使人极富遐想。

**长白山天池**。位于海拔 2194 米的长白山主峰白头山顶的高山湖泊，也是中国最深的湖泊，是火山喷发后的火山口积水而成，最深处 373 米。天池周围环绕着 16 个山峰，天池犹如是镶在群峰之中的一块碧玉。

这里经常是云雾弥漫，因此，并不是所有的游人都能看到她的秀丽面容，由于气候多变，瞬间风雨雾霭，宛若缥缈仙境。晴朗时，峰影云朵倒映池水之中，色彩缤纷，景色诱人。尤其是突降大雪后，冰雪覆盖了周围的山峰，其景色就像一个童话世界，不知是天空映蓝了湖水，还是湖水漂蓝了天空。湖水倒映着白雪、山峰与蓝天，给人以幽蓝与深邃及美的惊艳、美的震撼。

**巴丹吉林沙漠**。位于内蒙古自治区的西部，是中国四大沙漠之一，高耸入云的沙山，神秘莫测的鸣沙，静谧的湖泊、湿地，构成了巴

丹吉林沙漠独特的迷人景观。

这里的生存状态非常严酷的。巴丹吉林沙漠有五奇,沙峰、鸣沙、湖泊、奇泉、古庙。大漠之中的沙脊波折崎岖,交错的曲线如同上帝的杰作。

沙山之间分布有许多湖泊(俗称海子),约有140多个。庙海子边有座藏传佛教寺庙,背靠沙山,面朝湖水,庄严肃穆,幽静典雅,被称为"沙漠故宫"。

**桂林山水**。桂林山清水秀、洞奇石美,尤以漓江流经阳朔的那一段最为美丽,故而有"桂林山水甲天下,阳朔山水甲桂林"之美誉。乘着竹排荡漾在漓江山水中,它如同一幅长长的天然山水画,在百里画廊中穿行,"舟在江上游,人在画中留"。秀丽的山峰、清澈的河水、在蓝天的映衬下波光粼粼,与群山倒影交相辉映,令人疑是到了

仙境。人们只有到了这里才能体会到“群峰倒影山浮水，无山无水不入神”的意境。

**新疆巴音布鲁克湿地**。它处于寒冷的天山山脉中地势较低的平原上，四周为雪山环抱，融化的冰水给湿地以生命，形成了温润、奇特、美丽的景色。湿地里没有水的地方就长满青草，众多的小溪、河流把草地切成一块块有趣的形状。河水清澈而浅薄，牧民很容易地涉水到对岸。

草地的绿草非常鲜嫩，被称为“酥油草”。在一望无垠的碧绿的大草原上，星罗棋布地散落着一个又一个玛瑙般晶莹透亮的湖泊，在这些大小不一的湖泊里，有高贵的天鹅在悠闲地游弋。据实际观察，境内各类天鹅总数约占世界的五分之三，巴音布鲁克不愧为世界上最大的“天鹅湖”。1980 年被国家列为全国第一个天鹅自

然保护区。

巴音布鲁克蒙古语意为“富饶的泉水”。1771 年蒙古族土尔扈特部落东归之后，清王朝把山美、水美、草美的巴音布鲁克草原奖赐了他们，这里成为土尔扈特部落世代生息之地。

**齐齐哈尔的扎龙湿地**。面积 21 万公顷，嫩江支流乌裕尔河到此失去河道，漫溢成大片沼泽，苇丛茂密、鱼虾众多，是水禽理想的栖息地。河道纵横，湖泊沼泽星罗棋布，湿地生态保持良好，被誉为鸟和水禽的“天然乐园”，是中国著名的丹顶鹤和其他野生珍贵水禽的自然保护区。

扎龙湿地以鹤著称于世，全世界共有 15 种鹤，此区即占有 6 种，它们是丹顶鹤、白头鹤、白枕鹤、蓑羽鹤、白鹤和灰鹤。丹顶鹤是十分珍贵的名禽，此区现有 500 多只，约占全世界丹顶鹤总数的四分之一。所以，这里一直被称作丹顶鹤的故乡。

## (二)动物、生物世界之美

它们的不同体态、形态和外表,及其颜色、图案之美,无不令人惊奇。比如:斑马之美及绿野中的鲜花、粉蝶、北方的遗鸥……使大自然五光十色。中国的大熊猫,人见,人人喜爱,这是中国人的骄傲。南美洲的五彩金刚鹦鹉,十分艳丽,令人称绝。骄傲的苍穹霸主——鹰;森林之王老虎;草原之王狮子;还有妖面蛛,无不令人感到大自然神奇演化的力量。

相反的例子有:毛毛虫、癞蛤蟆、鳄鱼、巨蟒、毒蛇、蜥蜴、变色龙、灰狼、豺、非洲野狗、狞猫、袋獾、水虎鱼、蜘蛛、蝎子、山魈、刺鲀……这也是事物固有的属性:不和谐、不协调、比例失衡、外貌奇异,但它们也是生物链、生态链的成员,它们是大自然的产物,也是大自然的

组成一环。这也说明自然产生的美与丑,在本质上与艺术的美与丑是不一样的。

在人类社会中,有的人十分美丽动人,有的人奇丑无比;这都是DNA的杰作,都是大自然的造化,也是大自然演化过程中的变异与奇迹和固有的特性。

## (三)花卉之美

在花卉世界里,世界上已有一百多个国家确立了自己的国花、国树,用植物来作为自己国家的象征。为什么会是这样呢?因为这些花卉太美丽了、太坚强了、太神圣了。用歌德的话来讲:花卉充满了性格。而这种"性格"代表了人的"人格"和国家的"国格"。

比如,意大利的国花雏菊。

波兰国花三色堇(人面花、猫脸花、鬼脸花)。

法国的国花鸢尾(兰蝴蝶)。

奥地利和瑞士的国花“雪绒花”,《音乐之声》中的“雪绒花”插曲,即歌颂了它铁骨铮铮。

日本的国花“樱花”，有壮丽、瞬间的美丽。

印度的国花是佛教四大吉花之一的荷花，我国宋代周敦颐的《爱莲说》中有：“出淤泥而不染，濯清涟而不妖，中通外直，不蔓不枝，香远益清，亭亭净植，可远观而不可亵玩焉。”李白《经乱离后天恩流夜郎忆旧游书怀赠江夏韦太守良宰》中也有“清水出芙蓉，天然去雕饰”的赞美诗句。

睡莲：每天上午开花，下午闭合，称为“子午莲”，它洁净、妖艳，具有不可抗拒的魅力。在古埃及被视为太阳神的象征，是法老加冕时的神圣之花，现在是埃及的国花，它又被称为“尼罗河的新娘”；也是泰国、孟加拉、柬埔寨的国花。

玫瑰：是浪漫爱情的象征，它耐寒、抗旱称为“豪者”；它鲜艳美丽、生命力旺盛，为许多国家的国花。英国人还为玫瑰打了一场“玫瑰战争”。白居易“玫瑰刺绕枝”的诗句，彰显了自然野性的大美。

向日葵：永远向着太阳、向着光明，给人以欣欣向荣、热情与忠诚的感觉。它是秘鲁等国的国花。向日葵花盘上的葵花籽，排列上呈螺旋线状，它们有顺时针方向与反时针方向。葵花籽生长在两列螺旋的交叉点上，而这些生长的螺旋列都与黄金分割有关联，因而显出有序与和谐。

百花之王牡丹：雍容华贵、美不胜收、国色天香的花卉，是繁荣、昌盛、圆满的象征。唐诗曰：落尽残红始吐芳，佳名唤作百花王，竞夸天下无双艳，独占人间第一香。

石竹花——母亲节的母亲花。

百里香——斯巴达王妃海伦的眼泪。

热情的金盏花,被基督教视为怀孕之花。

紫中带兰的桔梗花。

埃及称为神花的罂粟花。

花朵怒放的百日草。

花开不败的天竺葵。

永远怀念的“风信子”（五色水仙）。

热情似火的“火炬花”。

滴血的心——荷兰牡丹。

兰中皇后“蝴蝶兰”。

各种花卉不胜枚举，美奂绝伦的桃花，正如唐代崔护偶遇美人写的诗《题都城南庄》："去年今日此门中，人面桃花相映红。人面不知何处去，桃花依旧笑春风。"

悠悠的清馨，传递山野的玉兰花；佛教的宝花曼陀罗，东方人视为幸福花。

高贵迷人、浪漫的郁金香，曾引发了荷兰经济危机，使头号世界帝国衰落。

质朴简单的鸡蛋花，夏威夷人将它串成花环，赠给远方的客人。

花中西施"杜鹃花"（又名映山红）。

鲜艳绮丽的扶桑花，是夏威夷的州花，颜色最美丽的花卉之一。清晨伴着旭日、沐浴朝霞、含羞绽放；夕阳西下扶桑花静静的闭合。

九月初九重阳节必备的山茱萸。唐代诗人王维诗中写道："独在异乡为异客，每逢佳节倍思亲。遥知兄弟登高处，遍插茱萸少一

人。”可以让人体会到山茱萸花，遍山漫野生长的美丽。

仙女鞋（也叫拖鞋兰），它是爱神维纳斯的鞋子。那盛开的花朵会把你带入童年神话的世界。

卡特兰，雍容华丽，花色娇艳多变，花朵芳香馥郁。在国际上有“洋兰之王”、“兰之王后”的美称。为巴西、阿根廷、哥伦比亚等国国花。花形如少女和婀娜多姿、美轮美奂的彩蝶。它与石斛、蝴蝶兰、万带兰并列为四大观赏兰。

蒲公英，最自由的植物花卉，轻絮满天飞舞、随风而至，生命的种子四处播散，在轻风中放飞希望、延续生命、实现梦想。

美人蕉，传说是佛祖脚趾上的鲜血化成，娇艳欲滴。

热唇草，宛如少女的红唇，人们看后无不叹服大自然的造化神奇，小巧的花开在“红唇之间”，形态娇小艳丽。

## （四）树貌之美

额济纳胡杨林。在巴丹吉林沙漠额济纳河两岸，分布着中国最为壮观的胡杨林，拥有神奇的自然景观和独特的人文特质，堪称大漠的一颗绿色明珠。每年的第一场秋霜，大片的胡杨树叶由绿变黄，一眼望去，阳光下金黄色的树叶衬着湛蓝的天空于风中婆娑起舞，那强烈的反差，鲜明的影调，亮丽的色彩令你印象深刻。

胡杨是生长在沙漠的唯一乔木树种，十分珍贵，展现了大自然的生命力。它可以和有“植物活化石”之称的银杏树相提并论，它耐寒、耐旱、耐盐碱、抗风沙，有顽强的生命力。它在缺水的沙漠中根系吸收高浓度盐渍化的水分后，能从树干的节疤和裂口处将多余的盐分自动排泄出去，树干上形成白色或淡黄色的块状结晶，称“胡杨泪”，俗称“胡杨碱”。当地居民采摘下来用来发面、制肥皂，也可用

于作罗布麻脱胶、制革脱脂的原料。

一棵成年胡杨树每年能排出数十千克的盐碱,堪称“拔盐改土”的“土壤改良功臣”。胡杨的树叶也非常奇特,生长在幼树嫩枝上的叶片狭长如柳,大树老枝条上的叶却圆润如杨,有的叶子边缘还有很多缺口,又有点像枫叶,它是一个神奇、多变、坚强的树种,春夏为绿色,深秋为黄色,冬天为红色,树龄可达几百年。“胡杨生而千年不死,死而千年不倒,倒而千年不朽”,是三千年一个轮回的树种。在西北苍凉的大地上,数风流还是骄傲的胡杨。

橡树,高大而质朴,是美国的国树,是强壮的象征。

白桦树是俄罗斯的国树,它身姿清秀,有“林中少女”之称,它傲然挺拔优雅,在冬季蔑视着天寒地冻。

枫树在秋天寒风中万山红遍、层林尽染,火红的枫叶,映红了萧瑟的深秋,使人想起了唐代诗人杜牧的诗句:“停车坐爱枫林晚,霜

叶红于二月花。”加拿大有“枫之国”之称，随处可见枫树婆娑曼妙的身影。秋风阵阵，枫叶纷飞，描述出一幅生命的画卷。

多花兰果树，被称为童话树，它集夏花的灿烂，秋叶的静美于一身。

猴面包树分布于非洲、澳洲、地中海、大西洋和印度洋诸岛上，主干巨大，树冠枝杈千奇百怪，酷似树根，树形壮观，果实巨大如足球，为沙漠绿洲生命之树。

长寿狐尾松，它会自动“睡眠”停止生长，即便老死也不会腐朽。

海岸上随风轻摇的椰树，它的叶子最长，静静的下垂，犹如巨大羽毛，秀出完美的弧度，它迎着朝霞，追逐夕阳。

刺桐有象牙红的美名，开出娇羞小巧的花，红润欲滴。唐代诗人王毂《刺桐花》写道：“南国清和烟雨辰，刺桐夹道花开新。林梢簇簇红霞烂，暑天别觉生精神。”

竹，人们将梅、兰、竹、菊称为“四君子”；又把松、竹、梅称为“岁

寒三友”。竹子是高风亮节的象征，代表着高洁不屈的风骨。

## （五）诗歌中展现出的自然美

曹操的《观沧海》，生动描绘了海天一色的大自然之美。

东临碣石，以观沧海。

水何澹澹，山岛竦峙。

树木丛生，百草丰茂。

秋风萧瑟，洪波涌起。

日月之行，若出其中；

星汉灿烂，若出其里。

幸甚至哉，歌以咏志。

当然，诗中也表达了作者的人格美。

李白的《蜀道难》，更是史无前例地用瑰丽多姿的奇句，歌颂了大自然之美。

噫吁嚱，危乎高哉！

蜀道之难，难于上青天！

蚕丛及鱼凫，开国何茫然。

尔来四万八千岁，不与秦塞通人烟。

西当太白有鸟道，可以横绝峨眉巅。

地崩山摧壮士死，然后天梯石栈相钩连。

上有六龙回日之高标，下有冲波逆折之回川。

黄鹤之飞尚不得过，猿猱欲度愁攀援。

青泥何盘盘，百步九折萦岩峦。

扪参历井仰胁息，以手抚膺坐长叹。

问君西游何时还，畏途巉岩不可攀。

但见悲鸟号古木，雄飞雌从绕林间。

又闻子规啼夜月，愁空山，蜀道之难，难于上青天！

使人听此凋朱颜。

连峰去天不盈尺，枯松倒挂倚绝壁。

飞湍瀑流争喧，砯崖转石万壑雷。

其险也如此，嗟尔远道之人胡为乎哉！

剑阁峥嵘而崔嵬，一夫当关，万夫莫开。

所守或匪亲，化为狼与豺。

朝避猛虎，夕避长蛇，磨牙吮血，杀人如麻。

锦城虽云乐，不如早还家。

蜀道之难，难于上青天！侧身西望长咨嗟。

在诗中李白的个性之美，也表现得淋漓尽致。

李白的《峨眉山月歌》：

峨眉山月半轮秋，

影入平羌江水流。

夜发清溪向三峡，

思君不见下渝州。

诗中展现的明净秀丽秋月，映在清澄碧绿的江水之中，在山高月小的墨影下，半轮明月显得特别俊丽。李白用秋月象征故乡和依依惜别的故人，使其更富有情感和深入肺腑的震撼力。

李白的《望天门山》：

天门中断楚江开，

碧水东流至此回。

两岸青山相对出，

孤帆一片日边来。

诗中歌颂的是远望天门山的壮美景色，描绘出两山夹一江的自然之美，就像一座天设的门户非常险要。

李白的《江上吟》：

木兰之枻沙棠舟，

玉箫金管坐两头。

美酒尊中置千斛，

载妓随波任去留。

仙人有待乘黄鹤，

海客无心随白鸥。

屈平词赋悬日月，

楚王台榭空山丘。

兴酣落笔摇五岳，

诗成笑傲凌沧洲。

功名富贵若长在，

汉水亦应西北流。

结构严谨、技巧娴熟、韵味深长、纯美飘逸、奔放雄奇。展现出江上之游时，对满目色彩绚丽的形象描写，即景借物引入一个不寻常的境界。还表现了诗人对庸俗现实的蔑视和对自由的追求。

## 二、自然美的层次性

首先,从涨观与宇宙观上看,有浩瀚的宇宙之美。尤其是在人静夜深的秋天,我们遥望星空时一定会惊叹太空的深邃美丽。这种美是难忘之美、惊奇之美、敬畏之美,是太空之美。

其次,从渺观与微观上看,细胞美和 DNA 之美。最有趣的是自然界所有的形态美都可以在细胞中发现。比如,人身体的上皮组织的细胞呈扁平、立方、柱状等等不同的形态之美,都在细胞形态中相似地存在,这是渺观与微观的相似之美。人为什么喜欢"自然就是美的",这样的美其渊源就在于此。

最后,从宏观上看,自然界中有植物、动物、生物一系列之美,它们的形态都可以在细胞中找到,这是宏观上的协调之美。

自然美的层次性表明:

第一,宇宙、太阳系、地球、人类的一切物质系统,都有共同的本原,这是物质层面层次性的基础,也是系统相似性的基础,同样也是物质系统与意识系统相似的基础。物质——美——思维,有相似性的基础。

第二,从奇点的演化都是相似生成,而不是相反生成的。因此,细胞中的形态美反映出在一切自然界中,都有相似的形态美。如开普勒第一定律:行星沿椭圆形轨道围绕太阳公转,太阳在椭圆轨道的一个焦点上。这个椭圆形轨道的形态,正是细胞中的一个相似扁平

状细胞的形态。银河系及其他星系，可分椭圆星系与旋涡星系，都可在细胞中找到相似的形态。这个形态美从细胞开始，一直到涨观的宇宙都具有相似的体现，这极其令人惊讶。这就是中国古老哲学所表示出来“天人合一”的思想与现代科学真理的吻合。

物质演化的层次性，构成了上一层次与下一个层次的相似。这也是为什么自然界美的事物，在人们的意识、情感中会产生美的感觉、美的意识。因为思想、意识、美感也是物质层次演化出来的，它必然具有物质形态的相似性、共识性、共生性。

## 三、自然美的结构性

自然美的结构有三个要素：

第一，动力因。美的动力是物理学基础理论——最小作用量原理；节能省时是自然演化美的过程的基本要求。凡是违背这一基本原则的所有事物，都会逐渐被淘汰出局。

第二，目的因。即演化的目的；优化、美化是一切事物的终极目的因。事物在演化层次美的过程中是不会停止的。历史是美的开始，直到大美的出现。和谐的世界与人类社会也必然会实现。这就是马克思 1848 年在《共产党宣言》中提出的共产主义理想。它和中国陶渊明《桃花源记》中的“桃花园社会”相似。都认为人类社会有一个美好的未来，一个大美的未来。共产主义就是一个大美，也是人类社会演化之美、自然演化的大美。但它的演化需要数千年之久，决不是几百年短时间可以实现的,这一点十分重要。百年、几百年太短,只待千年与万年。

第三,形式因。即功能因,它是美的外在表象,相似的生成与相似的演化;它的内核是黄金分割的数理因,如 DNA 的双螺旋的结构美。

以上三个要素(即美的结构)决定了美的功能、美的作用、美的表征,决定了美与真、善的统一性。比如,一个人的结构是合理的、均衡的、协调的,因此他一定是节能、省时、高效的机体,一定是自然演化的奇葩;人的形态美更是绝无仅有的奇迹。比如:

人血压中的舒张压与收缩压是黄金比。

人的正常体温 37 摄氏度和 0.618 的乘积,就是人体感觉最舒适温度 22.8 摄氏度,此时人的生理机能、新陈代谢处于最佳状态。

人受到美的刺激时,所测得的脑电波为"β 波",而 β 波的低频与高频之比为 0.618。

一个人的舒张压等于收缩压与 0.618 的乘积,这是舒张与收缩压的最佳比例。心脏处于最佳功能状态。

人们知道,人的整体与各个部分之间有神圣的比例关系。达·芬奇认为:人体部分和身高成简单的整数比。人的美就是各个部分组成的整体比例和谐、结构合理、功能协调。形式美与结构美的最高法则是和谐。

狮、虎、牛、马、羊等是令人赞美的动物体,它们正立时,以前肢为界把身体分为两部分,其水平长度与黄金分割相一致。

这都是美的动力因、结构因的体现。

自然之子的人们,常常忘掉了自己是大自然的演化之物,总以为

“我在,故我思”及“美是我的理念显现”等等,都是理念主义或者说是唯心主义的产物。这是非现实、非科学的匪夷所思。他们常常把自己放在第一位,把大自然放在第二位。大自然是为我服务的、大自然是围着我转的、我是大自然的中心等等。

其实,理念也是物质的涌现之物。自然认为美的,人们的理念也一定会认为是美的。这就是自然演化的相似性、是分形原理的基本特点之一,我们在前面已经论述过了。

艺术家的目的也是人类的目的,就是发现自然美及其规律。科学家的目的是发现自然真与其规律;然后人们去利用自然美、应用自然规律去造福人类社会,而不是相反。千万不要以为我们是大自然的核心、是大自然的主人。我们一定要牢牢记住:大自然是我们的母亲。

## 四、自然中的美与丑

“丑”到极致也能变美吗？这完全取决于生长的环境条件。

巨臭无比的大王花,别名腐尸花,花开时它会散发出刺激性的腐臭气味,花粉散发出来的恶臭招来苍蝇等食腐动物为其授粉,苍蝇因此是大王花的生息繁衍的功臣。而大王花是大自然演化的产物,它的臭也是自然的,它永远也香不起来,香起来的话就不是大王花了。虽然此花味道是绝对“臭”,但从外表看去其花型是独特、美丽的。如果要改变它的“臭味”,一定要改变它的基因和生长环境。

英国画家、美学家荷迦兹认为,丑是自然的一种属性,适应可产生美,不适应可产生丑。比如,人的尺寸比例都符合0.618的要求,他肯定是美、效率高、节能省时的人。如果相反,那么此人一定是变异的产物。

德国启蒙运动时期的哲学家、美学家鲍姆嘉通认为,完善的外形就是美,不完善的外形就是丑。

从理论上讲,自然界的差异和谐、杂多统一、多样化协调,才能产生美。没有自然的和谐、只有杂多,那只能产生丑。但美与丑都是相对的,美与丑都是多层次的,不仅仅是两极的极端结构,更重要的是美与丑它们是具体的,不是抽象的。自然美与自然丑和艺术上产生的美与丑是不同层次的两个问题,因而它们不能混在一起讨论。

庄子讲,淡然无极,而众美归之。应理解为超越人文意识形态,回归朴实自然。

而艺术中所谓的丑是虚假的、做作的、非人性的,因此才使人们感知到是丑的、恶的。

简单地讲,自然界自有"美的本原"、美的自身,它的本源就是层

次的涌现美(层次化极致的美),它们按照“神的比例”,是以最小作用量原理为动力的自身美的运动。

最优化(美化)过程是最小作用量原理的极值化过程,也是层级美的极致和形成大美的过程。

大自然就是大美。

自然演化的过程就是美的涌现过程。

大自然产生的丑是演化过程中异化的产物。但它不是终极的产物,终极的产物是优化和美化。

世界上最美的莫过于宇宙、自然,人类社会协同演化生成涌现的自然美,是一切艺术美、设计美的源泉。

比如人体美:上身与下身,左边与右边,眼、耳、手、足对称均衡,动作灵活优美,节奏韵律多样和谐。它的奇妙结构、精致造型无与伦比,是艺术美、设计美的永恒主题。

达·芬奇认为,人体各部分和身高成简单的整数比。而整个人的整体美就是由各部分组成的比例和谐、功能合理的有机体,不协调产生的就是丑。

这就体现了人的体姿美、性格美、精神美、结构美和生气勃勃的

健康美。

人的存在,就是美的展示、美的演化、美的极致。

造型美(外在美)、内心和谐、勇放、自信是人类的本质。自然是人类的唯一老师,也是人类社会美的母亲。

人类社会发展的历史,就是人类创造生命之美的历史。人是按照美的规律被大自然塑造的,就是被最小作用量原理雕刻的。

历史从那里开始,美也就从那里开始。

自然美开始的地方,也是宇宙文明开始的地方。

# 第八章　艺 术 美

德国著名的文史学家格罗塞认为,艺术就是注重自身,没有外在的目的,直接得到快乐,是艺术活动的特性。

艺术美是自由理性的自身运动与自然美在理念上的融合、和谐与统一。它是涌现层级化美的运动,在人们意识中的反映。

## 一、艺术美的产生

艺术美是艺术家的"理念"、"灵感"、"激情"的自由创造,但这"理念"、"灵感"、"激情"是符合艺术规律的,符合艺术思维感情的再创造。

这些"理念"具有突发性、随机性、环境性、条件性,不是任何人、任何地方、任何时间都能产生的思维、理念、灵感、激情、狂幻。

比如,1897 年法国后印象派画家高更运用单一色彩、分割抽象、

超脱自然的表现风格，由于不被人接受，在经济上收入是零。再加上因健康原因和丧女的不幸，精神受到刺激自杀未遂。在他得救后不久，用了短短一个多月画了一幅充满寓意的长达 4 米的传世巨作——《我们从哪里来？我们是谁？我们往哪里去?》。此画表达了作者人生迷惘与死的神秘，还有他本人的贫困、痛苦、自杀意念的内心世界，给人以感情巨大的冲击。他后来讲，他把自己的全部精力都投入到这幅画中了。一个多月的时间里，他一直处在一种难以形容的癫狂状态之中，昼夜不停地画着这幅画。可以想象他完成这幅画中，重现矫正亲身可怕的经历和悲伤之情的痛苦，用梦幻的形式把读者引入似真非真的时空延续之中。

这幅画是留给后人的富有哲理意义的大作，带给了人们无穷的想象及巨大魅力，这是激情燃烧、灵感的火焰。这幅大作给人的启迪，像一个极大的富矿一样，给后人以无穷无尽的享受。

## 二、艺术美的层次性

艺术美的层次,可以讲有无限多的层次,而且新的层次又在不断涌现。

### (一)造型艺术

其一,绘画。

西方绘画已经形成了一套完整的体系。求变、求新的传统及个性化的特点,使西方绘画艺术有了巨大的发展。

古埃及美术持续了三千多年,公元1000年以后,才诞生了希腊美术。在公元前5世纪至4世纪,希腊的雕塑取得了辉煌的成就。

公元476年欧洲进入中世纪。中世纪是一个黑暗野蛮的时代,但中世纪的艺术是多元文明的综合体。

文艺复兴发源于意大利。因此,意大利被称为文艺复兴的长子。

意大利文艺复兴时期杰出的雕刻家、画家和建筑师乔托,被誉为“欧洲绘画之父”。他创立了写实主义的原则,对后代的影响极大。

公元15世纪至16世纪,文艺复兴到了全盛时代。达·芬奇在研究自然科学的基础上提出“渐隐法”,米开朗基罗的激情与力量感、拉斐尔的优雅与节奏感,都令人惊叹。

公元17世纪至19世纪,巴洛克艺术风格是欧洲学派的主流,主张非理性与幻觉,运动感是它们的灵魂。

19世纪出现了新古典主义。

经过数百年的社会变故和思想进步,欧洲的社会结构、观念,都发生了巨大变化,艺术、绘画风格随之也发生改变。然后是欧洲现代主义、野兽主义的登台;不久是毕加索、布洛克为代表的立体主义等等。

未来主义、达达主义、超现实主义等流派都依赖于直觉、潜意识等心理机制。

艺术的美与丑、艺术与非艺术的界限变得越来越模糊。艺术家马塞尔·杜尚把反艺术推向了顶点。其明显的例子是,1917年杜尚把小便器命名为《泉》,匿名送到美国艺术品展作为艺术品展出。

在这次展览中,《泉》一举击败其他所有作品获奖,成为21世纪最富影响力的作品。1919年,杜尚用铅笔在复制品《蒙娜丽莎》的脸上画上小胡子和山羊须,被他命名为《L.H.O.O.Q.》,他把达·芬奇的经典名作当作嘲讽的对象,展示了他真正藐视传统、无视约束的品性。

后现代主义更主张漠视个性风格,主张"平民化",各种学派在欧洲相继竟现,令人目不暇接。

其二,中国的造型艺术与绘画。

中国绘画的起源,在唐代的张彦远《历代名画记》中的表述是,图形与文字的脱离,才使得绘画成为一门独立的艺术,探讨绘画技巧的工作则晚至秦汉才开始,魏晋时名家的出现,才标志着绘画臻于成熟。

魏晋南北朝时期,所谓的“五胡乱华”正是中原地区与少数民族地区互化的时期。南北纷争时间长达数百年,帝王将相多好疏通,加之佛教思想进入中国,虚无厌世与庄子的玄学盛行,佛老思想学说表现在社会的方方面面,包括书画美术,看龙门造像即可知当时的风俗之一斑,这一时期绘画的主要任务是为政教服务。

六朝以前的绘画,多以建筑之装饰;六朝之后开始独立的,但山水画尚未独立。当时重要的是由佛教传入带来的佛教画及宣扬道教的绘画和雕塑,此时可称为信仰画盛行。

南北朝时的绘画,多为雄峻明晰的雕刻,以拓跋氏所在地区为主。隋朝结束魏晋南北朝时的风气,以经学代替之,绘画也融合了两派的特点。

唐朝玄宗继位文教博兴,因势大振,道教更流行。唐朝后期绘画分为南北派。

唐时画家韩干画马以“形似而胜于精神”,“画肉不画骨”著称。南唐后主李煜设立画院,他所作的山林、飞鸟,远远超过其他画家,他画的竹子,从根部到竹梢处具有细小的特点,被人称为“铁钩锁”。

花鸟画成于五代末,画梅竹亦在宋。

宋朝可谓是中国文艺的复兴时代,集理学为大成,艺术绘画快速发展,主要是社会对绘画的需求大增,不同阶层职业画家创作活跃。

宋代绘画艺术在技巧上有许多重要创造,着重挖掘人物的精神状貌及动人的情节,注重塑造性格鲜明的艺术形象。花鸟画、山水画追求优美动人的意境情趣,注意真实而巧妙的艺术表现,有着高度的写实能力。此时是中国绘画艺术发展的一个高峰。

画院胜于唐朝,不仅注重形似、色彩,也注重气韵生动。此时绘

画分科更加细致、专门；宋徽宗时期办画学，分为佛道、人物、山水、鸟兽、花竹、屋木六科。如宋徽宗就以古诗命题作画："踏花归去马蹄香"、"嫩绿枝头红一点，恼人春色不须多"等等。

唐·王维《山水论》："凡画山水，意在笔先。丈山尺树，寸马分人。远人无目，远树无枝。远山无石，隐隐如眉；远水无波，高与云齐。"这也表明了中国画的缺憾。故远近、明暗、布局，亦为画中之要，应该重视。唐宋绘画不求神似、专尚传神，所谓意境超妙、志尚妙笔。这种要求过于片面。

元朝饶自然在中国画画法论著《绘宗十二忌》中提出：一、布置迫塞；二、远近不分；三、山无气脉；四、水无源流；五、境无夷险；六、路无出入；七、石止一面；八、树少四枝；九、人物伛偻；十、楼阁错杂；十

一、滃淡失宜；十二、点染无法。其见解十分中肯，但没有引起艺术界的理解，也没有认真去实践。

魏晋以后，绘画从写意向写实方面慢慢转换。

明朝设画院，其画风崇尚疏简与豪放，画家在笔墨技法上，造诣很深，并且能干湿互用，柔中有刚。可以随时根据宫廷和皇帝的需要，显其身手。但画家往往因创作受到“文字狱”迫害，这正是明朝政治黑暗的所在。

明代著名画家吴伟的作品《东方朔偷桃图》，此图描绘东方朔从西母处偷得仙桃后匆匆逃跑的情景。他一边疾步奔走，一边回首的紧张态，顿挫跌宕的运事，使衣带、帽带如在风中飞舞，衣纹线条简练而又潇洒流畅。画虽简逸，而见张力，表现出生动的动态美。

中国人物画在三代以前就已经有了，自汉朝起人物画逐渐兴盛。古时多画人物，主要是忠臣孝子、乱臣贼子；多用于善恶教育。

从三代至西汉都属于伦理的人物画。自东汉至六朝佛教画兴起，主要是以释道人物的宗教画。唐宋及以前人物的脸都是丰肥的，似方形脸。唐宋以后，脸颊都是瘦削的，像个三角形。以前人体是端庄的，后来是轻盈、娇小的。

因帝王拜佛，民众随之喜佛画。东坡有诗之："论画以形似，见与儿童邻。"苏轼这里赞许的是既能形似更能传神的作品。

绘画与雕塑一样，它通过线条、色彩、构图，以两维的空间再现生活中的典型人物、事件、风景。

其三，雕塑。这是造型艺术的一种，又称雕刻，是雕、刻、塑三种创制方法的总称。通过艺术加工的方法，在可雕饰物上创造出具有一定空间的可视、可触的艺术形象，借以反映社会生活、表达艺术家的审美感受、审美情感、审美理想的艺术。比如：

**秦始皇兵马俑**。1974 年，在秦始皇帝陵东发现三个大型陪葬的兵马俑坑，并相继进行发掘和建馆保护。三个坑成品字形，总面积 22780 平方米，坑内置放与真人真马一般大小的陶俑陶马共 7400 余件。

兵马俑博物馆是中国最大的古代军事博物馆。俑阵经发掘对外开放后便轰动世界。

1978 年，前法国总理希拉克参观后说："世界上有了七大奇迹，秦俑的发现,可以说是八大奇迹了。”兵马俑的车兵、步兵、骑兵列成各种阵势。整体风格浑厚、健美、洗练。如果仔细观察,脸型、发型、体态、神韵均有差异:陶马有的双耳竖立,有的张嘴嘶鸣,有的闭嘴静立。所有这些秦始皇兵马俑都富有感染人的艺术魅力。

秦俑大部分手执青铜兵器,有弓、弩、箭镞、铍、矛、戈、殳、剑、弯刀和钺。青铜兵器因经过防锈处理,埋在地下两千多年,至今仍然光亮锋利如新,它们是当时的实战武器,身穿甲片细密的铠甲,胸前有彩线挽成的结穗。军吏头戴长冠,数量比武将多。秦俑的脸型、胖瘦、表情、眉毛、眼睛和年龄均有差异。

秦俑的发掘再现了八百里秦川盛秦的辉煌,也说明秦朝兵马俑的塑造,是以现实生活为基础而创作,艺术手法细腻、明快,是秦代写实艺术的完美体现。形体高大,比例匀称,形象生动,神态逼真,可谓千人千面,栩栩如生,军容威严、气势磅礴、披荆斩棘、不可一世。

正是他们成就了中国两千多年的统治模式。在艺术史上具有很高的价值。兵马俑是雕塑艺术的宝库,他向世界展示出湮没两千多年的中国美术史上的重要一页,为中华民族灿烂的古老文化增添了光彩,也给世界艺术史补充了光辉的一页。

**敦煌莫高窟**。它始建于十六国的前秦时期,历经十六国、北朝、隋、唐、五代、西夏、元等历代的兴建,形成巨大的规模,现有洞窟735个,壁画4.5万平方米、泥质彩塑2415尊,成为人类稀有的文化宝藏,是世界上现存规模最大、内容最丰富的佛教艺术圣地,被列为世界文化遗产,是中国四大石窟之一。

莫高窟各窟均是洞窟建筑、彩塑、绘画三位一体的综合性艺术。洞窟最大者200多平方米,最小者不足1平方米。洞窟形制主要有禅窟、中心塔柱窟、佛龛窟、佛坛窟、涅槃窟、七佛窟、大像窟等。

塑绘结合的彩塑内容主要有佛、菩萨、弟子、天王、力士像等。彩塑形式有圆塑、浮塑、影塑等。圆雕、浮雕除第96、130窟两尊大佛、第148、158两大卧佛为石胎泥塑外,其余均为木骨泥塑。

佛像居中心,两侧侍立弟子、菩萨、天王、力士,少则3身,多则11身。以第96窟35.6米的弥勒坐像为最高,小则10余厘米。

这些塑像精巧逼真、想象力丰富、造诣极高,而且与壁画相融映衬,相得益彰。壁画富丽多彩,各种各样的佛经故事、山川景物、亭台楼阁等建筑画、山水画、花卉图案、飞天佛像以及当时劳动人民进行生产的各种场面等,是十六国至清代一千五百多年的民俗风貌和历史变迁的艺术再现。

这些画有的雄浑宽广,有的鲜艳瑰丽,体现了不同时期的艺术风格和特色。石窟中的飞天壁画给人的印象深刻,画中的飞天是侍奉佛陀与上天的神,她们美丽妖娆,手捧莲蕾,能歌善舞,反弹琵琶,在茫茫苍穹中游走,把美丽身影撒向人间。

敦煌石窟中有十分丰富的建筑史资料。敦煌壁画自十六国至西夏,描绘了成千上万座不同类型的建筑画,有佛寺、城垣、宫殿、阙、草庵、穹庐、帐、帷、客栈、酒店、屠房、烽火台、桥梁、监狱、坟茔等等,这些建筑有以成院落布局的组群建筑,有单体建筑。壁画中还留下了丰富的建筑部件和装饰,如斗拱、柱坊、门窗以及建筑施工图等。

长达千年的建筑形象资料,展示了一部中国建筑史。可贵的是,敦煌建筑资料的精华,反映了北朝至隋唐四百年间建筑的面貌,填补了南北朝至盛唐建筑资料缺乏的空白。此外,不同时期,不同形制的800余座洞窟建筑,五座唐宋木构窟檐,以及石窟寺的舍利塔群,都是古代留存至今的宝贵建筑实物资料。

“大漠孤烟直,长河落日圆。”在苍莽的沙漠中,有无数的智慧在闪烁。悠悠的驼铃声，让人仿佛听到了千年岁月的流逝，此窟为世人留下最美的遐想时空及令人回味的丰满回音。

其四，建筑。建筑美有自己的特点，通过建筑的体积、布局、比例、空间安排、形体结构及各种装饰、色彩、壁画、浮雕等造成一定的韵律和情调，注重情感与意境的表现。

中国古典园林以南方苏州园林为代表，提倡的雕梁画栋、曲廊通幽、园中有园，景中有景、粉壁竹影、山石水色、动静结合、西厢含月、东篱采菊等等都为空灵意境美。材料上以砖木结构为主。

西方则不然。以欧洲为例,石头为主要建材,强调高大浑厚。特别是文艺复兴以后,华丽的哥特式建筑风格,盛行了几个世纪。

比如,古代希腊的建筑精心推敲各部分的比例;古罗马的建筑则致力于表现巨大与豪华。哥特式建筑追求飞腾感与空间的想象感、模糊感。文艺复兴时期的建筑追求肯定与节奏感。它们都注重表现形式美,同时又渗透出各时代主要的思想潮流。

中国古代的建筑,几千年来天人合一的思想一直体现在各种建筑的发展过程中,它促进了建筑与自然的互相协调与融合。注重建筑选址,建造时因地制宜,依山就势,园林体现尤其明显,强调风水。

同时,各种建筑体现了明确的礼制思想,等级、形制、色彩、规模、结构、部件等都有严格规定,在一定程度上完善了建筑形态,但是也同时限制了建筑的发展。

在中国古代建筑中最有代表性的是皇家和宗教建筑,例如北京故宫、颐和园等。前者表现了中国历代王朝的皇权意识、大一统的思想;后者表现了建筑规整、布局严谨,体现了皇家的气派。它们即表现了外形美,也充分表达了当代的意识追求。

建筑本身是不动的、静态的,但通过形态变化显现出流动感,似乎是音乐的静态状,有节奏、有旋律、有序曲、有高潮、有尾声。正像德国作家歌德讲的:建筑是一种“冻结的音乐”,建筑所引起的心情很接近音乐效果。贝多芬讲:建筑是凝固的音乐,音乐是流动的建筑。

在中国最有代表性的建筑有:

故宫。建于公元1406年,曾有24位皇帝在此住过。是明清两个朝代的皇宫,是世界上现存规模最大、保存最为完整的木质结构的

宫殿型建筑。整个建筑金碧辉煌、典雅大气、庄严绚丽、气魄宏伟、极为壮观。无论是平面布局，还是形式上的雄伟堂皇，都堪称无与伦比的杰作。

它修建在北京城的中央，又在北京城的中轴线上。三大殿、后三宫、御花园都位于这条中轴线上。在中轴宫殿两旁，还对称分布着许多殿宇，布局严谨有序。故宫的四个城角都有精巧玲珑的角楼，建造精巧美观。宫城周围环绕着高 10 米，长 3400 米的宫墙，墙外有 50 多米宽的护城河。

故宫有四个威武漂亮的城门，面对北门有人工用土、石筑成的景山，满山松柏成林。在整体布局上，景山可说是故宫建筑群的屏障。

故宫的整个建筑象征着君临天下和一种至高无上的权力，有“天子以四海为家，非壮丽无以重威”的气派。现代人参观完故宫也

都有“独上高楼，望尽天涯路”，豁然开朗的心态。

**颐和园**。清代皇家园林，山清水幽，景色秀丽。坐落在北京西郊，是北京的“风水宝地”，自然环境优美，是汲取江南园林的设计手法而建成的一座大型山水园林，主要由万寿山和昆明湖两部分组成，其中水面占四分之三。园内建筑以佛香阁为中心，园中有景点建筑物百余座、大小院落二十余处，有亭、台、楼、阁、廊、榭等不同形式的建筑点缀其间。古树名木布满园林。其中佛香阁、长廊、西堤、石舫、苏州街、十七孔桥、谐趣园、大戏台等都已成为家喻户晓的代表性建筑。

颐和园集传统造园艺术之大成，万寿山、昆明湖构成其基本框架，借景周围的山水环境，饱含中国皇家园林的恢宏富丽气势，又充满自然之趣，高度体现了“虽由人作，宛自天开”的造园准则，被称为“皇家园林博物馆”。

整个园林艺术构思巧妙、和谐自然，在中外园林艺术史上地位显著，是举世罕见的园林艺术杰作。

**国家体育场——鸟巢**。2008 年北京奥运会期间的主会场，由 2001 年普利茨克奖获得者赫尔佐格、德梅隆与中国建筑师李兴刚等合作完成的巨型体育场设计。结构朴实大方，远观其形态，如孕育生命的"巢"，又似一个摇篮，寄托着人类对未来的希望。

精彩绝伦的奥运会与鸟巢体育场大气宏伟的结构相得益彰，令世人惊艳。它是由一系列钢桁架围绕碗状如编织而成的"鸟巢"外形，其钢结构是目前世界上跨度最大的体育建筑之一，空间结构新

颖，建筑和结构浑然一体，独特、美观，具有很强的震撼力和视觉冲击力。

建筑利用流体力学原理，保证了每个观众都能享受到自然光与通风，充分体现了自然和谐之美。体育场采用了先进的节能设计和环保措施，比如良好的自然通风和自然采光、雨水的全面回收、可再生地热能源的利用、太阳能光伏发电技术的应用等。诸多先进的绿色环保举措使它成为了名副其实的大型“绿色建筑”。

中国梦从“鸟巢”起飞，展开雄健的翅膀扶摇直上九天。

**北京的胡同**。“胡同”是蒙古语“水井”的发音。当年北京居民的吃水主要依靠水井，因水井形成居住区的代称进而成为街巷的代称，由此产生了胡同一词。

它是从1267年元代建大都沿袭下来的，是久远历史的产物，至今已有七百多年的历史，仍然保持着元朝时的“鱼骨式”格局。

北京有“著名的胡同三千六，没名的胡同赛牛毛”的说法，胡同的走向多为东西向，宽度一般不超过十米。胡同两旁的建筑大多都是四合院，大大小小的四合院一个紧挨一个排列起来，它们之间的通道就是胡同。

胡同一般距离闹市很近,但没有车水马龙的喧闹,可谓闹中取静。这里的灰墙灰瓦,更是一种民间色彩的体现,它是北京的一大特色,更是一座座民俗风情博物馆。

在北京胡同中满目是青砖灰瓦,看似非常普通,但它的一砖一瓦极有可能已存世尽千年,历经数百年的风雨沧桑,记载了历史的变迁。胡同房屋顶上瓦片间顽强生长的小草、长廊油漆布满斑驳伤痕虽然比比皆是,但不失幽深的美感和国家首府的韵味及风骨。

**西藏布达拉宫**。建在拉萨西北的玛布日山上,同山体融合在一

起，高高耸立，气势雄伟，壮观巍峨。宫墙红白相间，宫顶金碧辉煌，具有强烈的艺术感染力。是著名的宫堡式建筑群和藏族古建筑艺术的精华。

宫中还收藏了无数的珍宝，堪称是一座艺术的殿堂。它是西藏建筑艺术的珍贵财富，也是独一无二的雪域高原上的人类文化遗产。

## （二）听觉艺术

音乐作为听觉艺术，是一种流动的表现艺术，通过节奏、节拍、旋律、和声，调式与调性、复调与曲式等，按照作者的思想感情、韵律组织起来，而构成美妙的音乐形象，使人疯狂或激荡、深沉或兴奋、愉悦或轻松。音乐可以表现如钟声、马蹄声、鸟鸣声、松涛声、流水声等自然界、人类社会劳动生活的各种声音，还可以用象征、比拟的手法将平静的事物表达出来。

节奏是事物运动的一种形式，节奏的对称起源于对自然事物的模仿。运动周期性的变化节奏如波涛起伏、植物生长、脚步交错、脉搏的伸缩等。

对节奏的敏感是人的心理与生理的本能，也是生命的表征。每种劳动都有自己的歌号、每种运动都有自己的节奏。人的体力 23 天为一周期；情绪 28 天为一周期；智力 33 天为一周期；皮肤细胞的生命 23 天为一周期等等。总之，节奏是生命与非生命的根本特征。

实际艺术上的节奏和科学上讲是规律，就是艺术与科学的内在统一性。凡是事物有规律的性质，都有科学定律起着作用，凡是有节奏的事物,也有一定的规律在起着作用。

规律与节奏都是大自然演化的节拍,在音乐、舞蹈、建筑、诗歌方面尤其表现突出。其他艺术领域也一样都有其身影。节奏是艺术最基本特征之一。

音乐最大的特点是表现宽泛、含蓄的感情与起伏激荡的情绪,如热烈、低沉等等,因此它是最概括性的艺术,最能激励人心的艺术。

音乐与数理基础也是一致的,如音乐正弦波的波动频率与电子波动频率是一致的,都具有层级化的相似性、物质层次演化的相似性、科学与美学的内在统一性。

管弦乐曲在黄金分割点上奏出的声音最美、最悦耳。最有代表性的音乐,例如:1804 年贝多芬在同疾病斗争中创作的《英雄交响曲》。它是贝多芬最著名的代表作之一,该作品贯穿着严肃和欢乐的情绪,始终保持着深沉、真挚的感情,呈现出强烈的浪漫主义气氛,是完全体现英雄性格的作品;同时也是感染力最强的交响乐,是一部气势恢宏、在艺术成就上是一部里程碑式的作品。

### (三)语言艺术

其一,文字、文学。

文学是语音艺术,它借助语言、表演、造型等手段塑造典型的形象反映社会生活的意识形式。

文学语音的特点是视觉、听觉,唤起生动的形象,它是一种心领神会的艺术创造和艺术形象,能给读者广泛的思想空间与再创造的幻想力，达到诗文中有人有画的意境。如中国有名的“四大名著”——《西游记》、《红楼梦》、《三国演义》、《水浒传》。

其二，诗歌。

诗歌因其既是心灵的艺术又是语言的艺术而成为文学中的文学。诗歌有丰富、美化人们精神生活的使命，借以展示世界、表达心灵、启示真理，进而回归天地之道，融于自然美之中，表达情感与美感，引发共鸣。

诗歌有区别于其他艺术类型和其他文学体裁的本质特征，体现在强烈的主观情感性、意象性、弹性、音乐性等方面。

如屈原的《离骚》，共计370句，近2500字。它是中国诗歌词赋的典范，气魄宏伟、抒情深刻、构思奇幻，在古典诗歌中首屈一指，为民族文学的骄傲。

曹操的《短歌行》(其一)：

对酒当歌，人生几何？
譬如朝露，去日苦多。
慨当以慷，忧思难忘。
何以解忧？唯有杜康。
青青子衿，悠悠我心。
但为君故，沉吟至今。
呦呦鹿鸣，食野之苹。
我有嘉宾，鼓瑟吹笙。
明明如月，何时可掇？
忧从中来，不可断绝。

越陌度阡，枉用相存。

契阔谈宴，心念旧恩。

月明星稀，乌鹊南飞。

绕树三匝，何枝可依。

山不厌高，海不厌深。

周公吐哺，天下归心。

此诗气势充沛、立意深远、文思奇特，流传极广。

陶渊明的《桃花源记》，文字流畅、语言优美、思想深刻。为读者构建了一个浪漫与理想的公平“桃花源”社会。

王之涣的《登鹳雀楼》：

白日依山尽，

黄河入海流。

欲穷千里目，

更上一层楼。

作者登楼远望，夕阳在群山中慢慢西沉，黄河在楼下奔腾而去，流向大海。人们要看到更远的视野，还须再登上一层层高楼。哲理深远。

李白的《月下独酌》（部分）：

花间一壶酒，独酌无相亲。

举杯邀明月，对影成三人。

月既不解饮，影徒随我身。

暂伴月将影，行乐须及春。

我歌月徘徊，我舞影零乱。

醒时相交欢，醉后各分散。

永结无情游，相期邈云汉。

表现了李白不愿同世俗势力同流合污，显得异常孤独。自斟自饮、自饮自乐，显示出李白旷达超脱的心怀，飘然不群的风格。美从此来。

## （四）表演艺术

其一，戏剧。

戏剧是综合的艺术，由文学、音乐、舞蹈、美术等多种艺术元素组成。

戏剧的特性结构，由戏剧的形态、功能、手段、形式等组成。

演员的表演是理解作品的感情再现，也是剧本角色的再创造。

在近代戏剧中有两派：一派认为演员表演必须在演员完全进入角色时，有适时的自控能力，这一派是表演派；另一派则认为演员必须沉醉在角色中与角色融为一体，做深入的体验，这一派为体验派。

在实际演出中，一位好的演员时而是表演派，时而是体验派，这样才能起到感动人的效果，和角色充分到位的表现。如果从戏剧的发生、发展、高潮、结尾，演员一直都是“表现派”或都是“体验派”，那么这个演出效果一定是不可思议的，或是疯狂的、痴呆的，或是不合逻辑的，不会达到美的效果。一个好的演员在角色中是表演和体验高度融合的。

其二,舞蹈。

舞蹈即是古老的艺术,也是现代化的艺术。它与远古时代人们的生活是客观相联系的,如狩猎、战争等等活动,以至后来从具体模仿到抒发感情,它通过虚拟的动作程式及节奏,夸张、变形来体现人的精神感情,表现时代的意识潮流。

芭蕾舞是虚拟与抒情的表现,舞蹈与音乐是分不开的,视觉形象与人体形象两者结合在一起,有震撼心灵的效果。

此外,舞蹈也是流动的雕塑,雕塑也是静止的舞蹈。舞蹈与雕塑都是再现艺术,它在表达思想感情时,有极大的概括性、凝练性、典型性。

其三,电影。

电影是综合的艺术,集各艺术表现手法之大成,深刻地、生动地、即时地反映生活,达到审美的娱乐及公民教育。电影比戏剧有更大

的空间，是表现力最强的一种艺术。

## 三、艺术美的结构

艺术美是多层次、多结构的美，不可能梳理完备。而且它又是不断产生、不断涌现生成的美。因艺术家不同，随时随地可产生的一种艺术美。

每个层次中的艺术美都有不同的要素构成，同时对应着不同的功能。

每个层次上的艺术美，其结构性、功能性都需要我们认真去探讨，才能有真实的收获。但有一点我们必须十分清楚：自然及自然美，永远是我们的艺术美、设计美的源泉。艺术家的责任、目的、张力，以及永远的日神精神、酒神精神，无非是发现自然美，去利用它们再造“自然”，造福人类社会。这个崇高的义务，永远也不会改变。

## 四、艺术的美与丑

艺术的美与丑是相对的，它们都有一定的条件性和自组织演化发生的过程性。美，比较美，更美，最美；丑也有一个过程：丑，比较丑，更丑，最丑。因此，美与丑都有一个产生、演化、发展的过程。它

们都是一种系列性的结构。

系统事物美到极致可能变成丑,丑到极致可能变成美,用中国古老的哲学去叙述理解:美与丑相反相成;丑与美是相对的,取决于从哪个角度去观察它、评价它、鉴赏它。

艺术的美与丑是有条件的,没有绝对的艺术的美与艺术的丑,它属于认识论的范畴。而自然美与丑则属于哲学的本体论。

尼采在《偶像的黄昏》中讲:在美的这件事上,人们以自己为完美的标准。在这方面,人崇拜自己……,人以事物为鉴,凡反映他的形象的东西都是美的……,丑是败坏的象征与征候……,一切暗示,精疲力竭、沉重、衰老、倦怠,任何缺乏自由的表现,如抽搐或瘫痪,尤其是尸体腐化的气味……,人们讨厌什么?毫无疑问,讨厌自己类型的黄昏。

17 世纪西班牙画家委拉斯凯兹的《教皇英诺森十世肖像》、俄国 19 世纪画家列宾的《祭司长》等等,通过表现"丑"的主题,使人在形式上感到很丑不美,但艺术家经过讽刺、挖苦批判、恶搞之后,透过艺术化的"丑"而获得了"美感"。每个人感到愉悦时,丑恶可以变成美善,条件的转换与手段是重要的。

比如,文艺作品《乔老爷上轿》、《七品芝麻官》中的讽刺、幽默。

悲剧、相声、漫画都有这样的特点,这是美与丑的关联。

## 五、悲　剧

恩格斯讲,历史的必然性要求和这个要求实际上不可能实现之间的悲剧性的冲突。

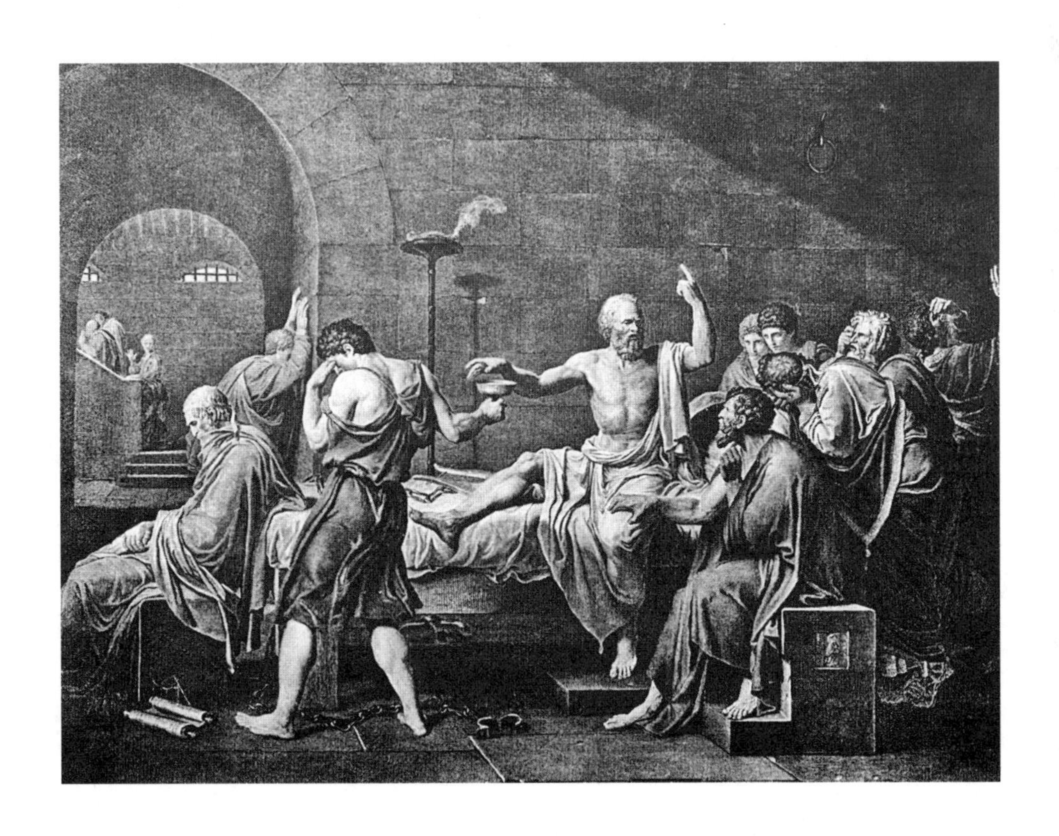

鲁迅讲,悲剧是将人生中有价值的东西毁灭给人看。

我认为这实际上是讲,历史的必然性与实践中的偶然性之间的冲突,冲突越激烈、形象越崇高,如果发生在典型的环境中的典型人物,那么这个悲剧是传世杰作,是崇高美的集合。

悲剧也是理智与感情的冲突。比如法国著名画作《苏格拉底之死》,让人通过怜悯与悲愤以达到净化心灵的目的。中国式的悲剧,如鲁迅的《阿 Q 正传》、关汉卿的《窦娥冤》、曹雪芹的《红楼梦》等等。

## 六、喜 剧

喜剧分为讽刺喜剧、抒情喜剧、荒诞喜剧和闹剧等式样。它以滑稽、幽默及对旁人无伤害的丑陋、乖僻,表现生活中或丑、或美、或悲的一面,引人对丑的、滑稽的予以嘲笑,对正常的人生和美好的理想予以肯定。

常言道,谁笑到最后,谁笑得最美。

马克思讲,把旧的生活方式送进坟墓,最后一段就是喜剧。

在这里我们应该认为,马克思指的是公平、正义、没有剥削的共产主义社会,当然是人类的大喜、大美。

一般讲,把丑变成美、把一般美变成大美,其关键是事物的条件性,这个条件性就是常用的“倒错中的真实”方法。

这样产生的戏剧性能达到诙谐、可笑、讽刺的效果,是“真诚中的虚伪”与“虚伪中的真诚”，两者巧妙地结合。

此外，夸张可以加强戏剧的力度。比如卓别林的《摩登时代》。

华君武在抗日战争中与解放战争中的各类漫画，都是极好的喜剧性的艺术大美。起到了鼓舞人心的巨大作用。

## 七、优美与崇高

优美给我们心旷神怡的感觉，比如长袖善舞、翩翩动人，溶溶月、淡淡风，风和日丽、鸟语花香、柔媚、安静、秀雅的美。

崇高是指雄伟高大的意念。给我们无限的能量与信念，如雄伟

震撼、辉煌壮观。

崇高在一般表现为激荡、刚健、雄伟、给人以惊心动魄的美，它表达是一种庄严、宏伟，一种伦理道德之美。

康德认为，崇高使人感动，优美则使人迷恋。

康德认为崇高的特征是无形式、无规律、无限制。但实际上崇高引发我们是一种精神的伟大力量，一种具有高强张力的美，更多是引起我们的惊叹与崇敬。

康德认为，崇高一般可分为数学的崇高和力学的崇高。数学的崇高认为体积大到了极限，实际上就是物理空间的崇高。力学的崇

高认为它是一种神圣的力量,如闪电、雷鸣。

现实中崇高主要在人本、道德两方面的伟大光辉。比如屈原、司马迁等伟大光辉形象,比如文坛巨匠鲁迅的伟大崇高形象。

再比如,在抗日战争中东北抗日联军的杨靖宇将军,在牺牲时高呼"最后的胜利是中华民族"。还有赵一曼、"狼牙山五壮士"等等。

黑格尔的"崇高是理念压倒形式",崇高是绝对的显现。他这话具有极深的意义。

总之,艺术美无论如何描述,是说不完的系统事物,它随时随地的在产生,随时随地的在消失;只有那些伟大的艺术品,才能长留于世、万代相传。

# 第九章　设 计 美

设计美学属于系统美学的实践。

设计美学属于艺术美的产业化、信息化、网络化。

设计美的流程是构思（理念、欲望、激情）——实践——艺术成品。

## 一、设计美的原则

设计美创造了一个与自然美并存的现实世界,这是设计美无限魅力的伟大意义之所在。但是它的基本设计思想与理念,仍然是美学的根本原则:多样性的统一、差异性的和谐、自组织涌现的整体优化、美化等。

具体地讲是,材料优质(轻、薄,软或硬)、技术最优(符合数学原理,即符合阿恩海姆的"力的结构")、结构最美(符合最小作用量原理)的设计。

## 二、设计美的层次性

从美学历史上,以艺术品的设计涌现生产的性质与趋势可分成三个时期:

### (一)"模仿"与"逼真"时期

亚里士多德讲,模仿是人区别于动物的一个标志,模仿是出于人

的一种天性。

以古希腊时代的雕塑、中世纪的建筑和文艺复兴人本主义的绘画为代表，他们对自然的模仿以逼真为目的与追求，以达到自然与心灵的和谐。敬畏自然与宗教以求得身心的平衡。越是逼真、越是相似。而艺术品的设计与生产，也是按照“模仿与逼真”的方式进行。比如，古代产生的各种各类的俑，以及许许多多的壁画。

## （二）“意境”时期

以浪漫主义音乐、戏剧和现代的动漫为代表的艺术品，已超出了现实主义的范畴，向着未来的一种虚幻世界迈进。但这个过程在当代还未完成，艺术品与非艺术品的界限正在消失。设计美将在所有行业显现，美学史可以认为是设计美从无到有、从有到事事被设计美的历史。未来的一个时期为创新的时代。比如，从 DNA 到生物、植物、动物的科技设计美。再如“一带一路”、世界互联网的设计美，还有中国的天宫空间实验室等等，都是绝妙的设计美。

黑格尔认为,艺术的发展经历了象征型、古典型和浪漫型。象征型追求的是外在的相似性;古典型是内在与外在的和谐统一;而浪漫型是内在因素外溢于物质形式。

我们在这里谈到的是意境时期,也是古典型与浪漫型的过渡时期。从模仿到再现仍是逼真时代的深入发展。

## (三)一切都是设计美

美是一切,一切都是美的时代。

康德讲,世界上有两种东西能够深深地震撼人们的心灵;一件是我们心中崇高的道德准则,另一件是我们头顶灿烂的星空。

前一种就是现实美、社会美、道德美、设计美;后一种就是自然美、原生态美、天体之美、宇宙之美。

从历史上讲:20 世纪 30 年代德国包豪斯学院出版了现代工艺设计理论的著作,被认为是现代设计艺术的经典,包豪斯提出了具体设计理念的三个基本点:

第一,技术与艺术的新统一;

第二,设计的目的是人而不是产品;

第三,设计必须遵循自然与客观的法则来进行。

这样就克服了为艺术而艺术的自我表现与浪漫的反传统主义。促进艺术设计理性化、科学性化发挥了重要作用。

1928年,这一派的设计大师米斯以"少就是多"的理念,设计出了"巴塞罗那椅",具有造型新颖、简洁大方、单纯明快的特点,广受欢迎。不久在这个理念的影响下,大众汽车公司设计出"甲壳虫"汽车,由于独具匠心,深受人们的欢迎。

再比如,可口可乐瓶的设

计,美国工业设计师雷蒙德·罗维讲:最美的曲线就是销售上涨的曲线。他从可口可乐瓶的设计到“协和式”飞机内舱的设计,创造了许多奇迹,他的设计简练、方便、经济、耐用,体现了节能、省时的原则。

再如,美国设计师亨利·德莱弗斯,他提出“从内到外”的设计原则,研究和出版了《人体度量》的专著,他总结的数据使其他设计师设计时有章可循。

现代设计艺术,已经从一般制造业、物流业、服务业、金融业走向生活用品类、生态环境设计类、城市及区域环境生态设计等等。设计美涵盖了社会生活及工作、环境的一切领域。

如果从人类历史上看,人类社会诞生一万年左右,我们自己解决了粮食供给,是一场食物的伟大革命,它与植物设计(培育)、改良、嫁接是分不开的,这是人类的第一次设计革命、设计美的革命。

两百年前,我们以同样的方法用工业革命解决体能、社交问题,这是人类的第二次的设计革命与进步。现在我们正在经历数字文化革命与互联网革命,以解决人类脑力延伸与发展的问题。这些都与农业设计美、工业设计美、互联网设计美分不开,都是设计美的硕果。

中国的当代改革就是设计美的社会化,就是总体设计美的层次

化、结构化，社会美的系统化。因此总体社会美的设计不可或缺，有了总体设计，就是选择了美、选择了美的创造、选择了和谐社会之美。这里关键的是创新、发明、设计美。没有创新、发明之美，其他事物的发展无从谈起。

设计美中的具体方法：

1. 小是美的：最小作用量原理在设计中的应用。

2. 少即是多——无为而无不为:最小作用量原理与道家思想的相通及其在设计中的应用。

3. 综合吸收利用:整体优化思想在设计中的应用。

4. 想象、创新:系统自组织涌现规律在设计中的应用。

5. 元素、系统、关系:清晰有效的设计方法。

在实际设计中,以上几种方法可以综合利用,来达到最优、最美的效果。

设计美是当代的主流,设计美无处不在、无处没有。艺术美是设计美的一个特殊部分。当然也可以讲,设计美是艺术美的一部分,区别在于一个创造了物质美、立体美的三维空间世界;另一个编织了情感、意志、想象与激情四溢"似与不似"的虚幻精神世界。这些都是

人类真、善、美的需要，人类美的演化层次的需要，它没有高级与低级之分、没有高雅与庸俗之分。

社会和谐之美、人伦道德之美，将是设计美的终极目的。

# 第十章 结 尾

我们前面讨论了美学的整体历史，也做了某些预设，回答了美学界的热点与根本问题，如美是什么、美感的结构与层次、美的内涵之义、美的规律、美的结构与层次、中外美学研究的比较、为什么自然是美的人们也认为是美的等等。总的可以归纳为以下几点：

## 一、古希腊的贡献

古希腊人给了人类思想和美学思维,后来人发展了科学技术,使这些思想插上了翅膀,让社会高速发展。而古希腊人的思想仍在那里光芒四射,这是从人类诞生以来最大的奇迹。

中国人给了人类伦理道德,但还是农耕文明的封建道德,它与当代社会科学、美学、科学技术几乎没有太多的联系,所以中国人落后了,这也是一个奇迹。但这都是人类社会系统演化分叉的结果,都是必然性中的偶然,偶然性中的必然;也都是大美中的层次化显现。

## 二、真、善、美是统一的

有真的地方一定有美,有美的地方一定有善,善是美在人文社会的显现。

因为真与美和善对社会的演化与发展都是合目的性的。为此我们再来看看最小作用量原理与和谐美的变分方程式。

$$\delta\int_{p_1}^{p_2} mvds = 0 \Leftrightarrow H ,$$

这个变分方程是极美的。

左边是最小作用量原理,表示节能、省时。

右边是和谐与美,表示和谐美。中间是数学符号把它们两方联系起来,意味着数学把物理学、哲学与美学和谐有机地统一起来。美在于方程式两边不仅仅是对称、协调、有序、简洁,而且形态最优美。它清楚表达了数学、物理与哲学、美学的和谐之美和它们内在的深刻关系之美。

这一方程是科学真、善、美的高度融合的体现。体现的是宇宙和谐系统的大美、人类社会逻辑的大善与自然逻辑的大真的统一。它不仅证实了美,也证实了善,而且都是以“真”为基础的。

由于这个方程的极端融合和高度的和谐,它的实用性、实践性十分巨大:

其一,人们可以通过它计算设计出最好、最美的事物。

其二,人们可以通过它审查过去事物美的程度,然后发展出更美的事物。

其三,美本体的量化。在美学史上,无论从理论或实践上,“美”的量化是一个重大的飞跃,它的意义十分深远。

此外,我们多次谈到科学(数理化等)与人文科学的内在统一性,物理学、数学、美学在自然演化中的一致性。这是一个极重要的课题,我们一定要向这个方向努力,这是科学与艺术的方向。

因此,人们一定会利用这个变分方程设计出最美、最好的事物,这个方程一定会造福于人类、造福于后代。

## 三、美是发展的系统事物

每一时代、每一行业、每一生活角落,都随时会产生人们想象不到的美。比如新的设计之美、新的发明之美、新的艺术之美、新的发现之美、新的思想之美。美是无穷无尽的层次结构与表现,但它的核心仍然是数理的,自然美是它的基础,最小作用量是美的演化力量,善是美在理性社会中的表征。

我们可以讲,希腊人的美学是宇宙学,中世纪的美学是神学,“文艺复兴”时的美学是人文主义的,当代美学是系统科学的、系统思维的、互联网思维的,这一点正是当今时期的最大特征。

## 四、人类可以发现自然之美

自然界中的美好事物，为什么人类也认为是美好的？因为，人是自然界演化的产物，人的思想也是物质演化相似的产物。自然界是人类的母亲。

自然的生成与演化是相似生成与演化的，不是相反相成生成的。

人是大自然相似生成演化的硕果,人与大自然中的有关层次的相似性,即物质中的层次相似性,导致了思想、意识中的相似性。因此,大自然中的美,人类也一定认为是美的,这是根本原因。那么人类的任务无非是发现大自然中美的事物,就像科学家发现了大自然的规律一样,如爱因斯坦的相对论、牛顿的经典力学等等,艺术家发现了宇宙中的大自然美。我们不能创造自然美,但我们可以发现它、利用它。

# 五、美的本质

自1750年德国哲学家鲍姆加登把美学定义为“感性学”以来，美的客观性、真实性一直被否认，最有影响的是黑格尔的“美是理念的感性显现”，“自然不因自身而美，是为主体而美的”，“美内在的东西就是理念”等等观点。这些理念主义和唯心主义的观点，误导了哲学、美学及人文科学数百年之久。不仅仅艺术美、设计美成为了无源之水，而且艺术美、设计美也变成了意念、幻觉、疯癫的狂想曲。艺术成了无底盘的游戏。虚无主义把艺术推向了不归路，正如毕加索所讲：现代艺术是给人类最大的恶作剧。因此，以系统美学思想回应美的本质问题就显得非常重要和必要。

第一，黑格尔哲学的二元结构——存在与物质、主观与客观，无法解释世界的多样性、精神存在的物质性和演化生成的相似性，以及美学多样性统一与和谐之美，整体优化之美、对称性和谐之美、差异协同和谐之美等等。因此，黑格尔的哲学体系解体成为了必然。系统哲学、系统美学就成为了必然的选项。

第二，国内外研究美学的方法基本上都是不与自然科学发生任何联系的，这是当前美学中最大的问题，也是美学家们最麻木、最可悲的世纪难题。他们完全没有继承毕达哥拉斯学派的研究成果及其深远的精神遗产。我们中国人也仍然还在用伦理学去解释美学，用人格美、道德美，用“梅、兰、竹、菊”四君子和“松、竹、梅”岁寒三友去表达美感。这些当然也没有错，但理论上却不完整，甚至难以自圆其说。

第三，亚里士多德所谓的“不动的始动者”，就是指宇宙运动的秩序、宇宙运动的规律、宇宙运动的法则，也就是恩格斯在 1888 年《自然辩证法》中谈到的宇宙理性。这个宇宙理性就是宇宙最高的存在、最高的美、终极之美、整体优化之美、自组织涌现之美。

宇宙理性与最高的美，它的核心就是最小作用量原理。它是宇宙运动的第一推动者，是宇宙运动的“动力因”。分形理论就是演化涌现生成的方式，事物的演化与涌现生成是相似生成，而不是我们常

说的相反相成。

早在1687年的《自然哲学之数学原理》中牛顿讲:“自然是和谐与自相似的。”系统美学无非是解释了牛顿的这一句话:美是数的和谐与分形的演化。

第四,最小作用量原理与分形理论的数学模型,准确地表述了自然逻辑与人文逻辑在奇点的“前定和谐”。回答了爱因斯坦、杨振宁的问题,为什么自然会有高超无比的“理性和谐”,为什么会选择“美妙概念”和“数学结构”来“构造宇宙”,自然为什么是这样的。

“前定和谐”在奇点上的规定性,在表象上就是宇宙的理性,它的内核就是宇宙的目的因、形式因。最小作用量原理就是“动力因”。

宇宙理性在奇点上的和谐,在零时空的和谐就是宇宙和谐的起始点。用牛顿的话讲,自然和谐与自相似的和谐就是自然法则。

第五,美是可以量化的,它的数学表达方式就是变分方程。这一点十分重要,它从此使美学与自然科学结盟,走上一条科学发展的路径,把毕达哥拉斯学派的光辉思想大大推进了一步。这是一场美学界的革命、哲学方法的革命,也必将推动其他学科和领域在方法上进行一场革命。

以系统美学思想来分析,我们应该看到:

自然美是关于美的存在、美的演化、美的自组织与涌现的过程。美是自然客体的属性,自然美是属于美学哲学的本体论,即系统哲学的组成部分。它是自然演化的本体论,是与物质一样,是事物客观的存在。

艺术美是设计美的一个特殊部分,未来将逐步融合在一起,成为设计艺术美。艺术美活动的空间与自由度，正是人类智力发达的标志。设计艺术美是美学进入信息、互联网时代的最大特征。

艺术美与设计美都属于他组织与系统美学的实践和哲学的认识论:构思(理念)——实践——艺术品三要素。但它们的基本设计原则与规律仍然是美学的根本原则;即多样性的统一、差异和谐、整体优化、自组织涌现等等，以及互联网时代的“标新立异”、“与众不同”。

设计艺术美将引领互联网、大数据、超算，改变当代社会的结构。美学将不是传统的美学，因为一切都是美学，一切都被设计成美，一切都是美。

美将对人类社会像空气与水一样的须臾不可缺，美将统领世界所有事物，美将是真、善、美的世界与真、善、美的统一。

# 参考文献

1．乌杰:《系统哲学》,人民出版社2008年版。

2．乌杰:《系统哲学与数学原理》,人民出版社2013年版。

3．乌杰:《和谐社会与系统范式》,社会科学文献出版社2006年版。

4．乌杰主编:《马克思主义的系统思想》,人民出版社1991年版。

5．张华夏:《系统哲学三大定律——乌杰“系统哲学”解析》,人民出版社2015年版。

6．凌继尧:《西方美学史》,学术出版社2013年版。

7．张贤根:《西方美学》,武汉大学出版社2009年版。

8．杨辛、甘霖:《美学原理》,北京大学出版2010年版。

9．鲍桑葵:《美学史》,张今译,中国人民大学出版社2010年版。

10．罗国杰主编:《伦理学》,人民出版社1991年版。

11．乔良、王湘穗:《超限战》,解放军出版社1991年版。

12．威尔·杜兰特、阿里尔·杜兰特:《历史教训》,中国方正出版社2014年版。

13．徐恒醇:《设计美学》,清华大学出版社2013年版。

14．A·г.斯比尔金:《哲学原理》,求实出版社1990年版。

15．赵敦华:《现代西方哲学新编》,北京大学出版社2001年版。

16．冯友兰:《哲学的精神》,陕西师范大学出版社1970年版。

17．冯友兰:《中国哲学简史》,新世界出版社2004年版。

18．乌杰:《关于系统哲学之数学原理》,《系统科学学报》2014年第4期。

19．李忱、徐国艳:《最小作用量原理的美学思考》,《系统科学学报》2016年第1期。

20．赵美娟、苏元福主编:《医学审美基础》,高教出版社2004年版。

21．李泽厚:《华夏美学·美学四讲》,生活·读书·新知三联书店2015年版。

22．毛建波、张素琪:《板桥题画》,西泠印社2006年版。

23．叶朗:《中国美学史大纲》,上海人民出版社1985年版。

24．M.I.劳利主编:《希腊的遗产》,上海人民出版社2004年版。

25．黄枬森等:《哲学的科学化》,首都师范大学出版社2008年版。

26．朱光潜:《谈美书简》,北京出版社2016年版。

27．史蒂芬·霍金:《大设计》,吴忠超译,湖南科学技术出版社2015年版。